服裝畫技法百科

時裝設計圖解指南

服裝畫技法百科
時裝設計圖解指南

卡蘿·努娜麗（Carol A. Nunnelly）

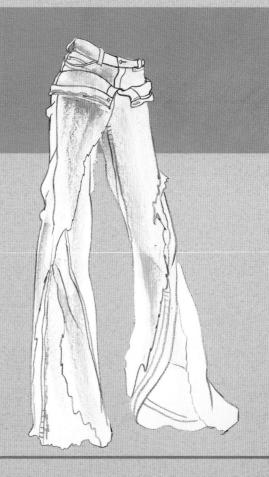

新一代圖書有限公司

國家圖書館出版品預行編目資料

服裝畫技法百科 : 時裝設計圖解指南/卡蘿·努娜
   麗 (Carol A. Nunnelly) 作. 沈叔儒,施雅玲 譯 --
台北縣中和市 : 新一代圖書, 2010 . 10
      面; 公分
含索引
譯自:The encyclopedia of fashion illustration
Techniques
ISBN 978-986-84649-9-5 (平裝)

1.服裝設計

423.2   99014369

服裝畫技法百科-時裝設計圖解指南
The Encyclopedia of Fashion Illustration Techniques

作 者:卡蘿·努娜麗 (Carol A. Nunnelly)
譯 者:沈叔儒、施雅玲
發 行 人:顏士傑
編輯顧問:林行健
資深顧問:陳寬祐
出 版 者:新一代圖書有限公司
        台北縣中和市中正路906號3樓
電 話:(02)2226-6916
傳 真:(02)2226-3123
經 銷 商:北星文化事業有限公司
        台北縣永和市中正路456號B1
電 話:(02)2922-9000
傳 真:(02)2922-9041
印 刷:利豐雅高包裝印刷(東莞)有限公司
郵政劃撥:50078231新一代圖書有限公司
定 價:520元

ISBN: 978-986-84649-9-5
2010年10月印行

A QUARTO BOOK

Copyright © 2009 Quarto Inc.

First published in the United States in 2009 by Running Press Book
Publishers

9 8 7 6 5 4 3 2 1
Digit on the right indicates the number
of this printing

Library of Congress Control Number: 2008936448

ISBN: 978-0-7624-3576-0

Conceived, designed, and produced by
Quarto Publishing plc
The Old Brewery
6 Blundell Street
London N7 9BH

Senior editor: Liz Dalby
Art director: Caroline Guest
Managing art editor: Anna Plucinska
Designer: Elizabeth Healey
Picture researcher: Sarah Bell
Design assistant: Saffron Stocker
Photographers: Martin Norris, Phil Wilkins
Additional illustrations: Danielle Meder
Additional caption text: Caroline Tatham
Creative director: Moira Clinch
Publisher: Paul Carslake

Running Press Book Publishers
2300 Chestnut Street
Philadelphia, PA 19103-4371

Visit us on the web!
www.runningpress.com

目 錄

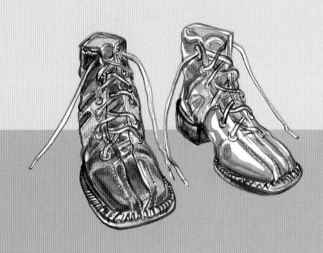

前 言

繪畫、設計、縫製與創造力，是支撐著優異服裝設計與繪圖教學
的理論基礎。具有出色的繪圖與描寫技巧，可使你在競爭激烈的
就業市場中脫穎而出。本書旨在教導讀者運用多種媒材繪製服裝畫的重
要步驟。成功的關鍵在於：先檢視繪圖的技能，進而評估需要再學習哪
些技巧。一旦能克服弱點、並具備自主學習能力，就可以在所選擇的專
業領域中一帆風順。如果您是設計師，本書可以幫助你運用快速而有效
的描繪方法，節省時間並滿足對作品的要求。如果目標是擔任一位出類
拔萃的服裝插畫家，本書會教你如何試驗各種媒材、按部就班地
描繪出褶份、人體與表現氛圍，成為一位優秀的繪圖起草者。當你
有能力在精緻描寫的人物身上畫出美麗合身衣飾的服裝畫時，強
而有力的作品表達方式，就能引起觀眾的共鳴及回響。

本書也會特別說明手部、腳部，人體從頭頂到腳趾的繪
圖方法。讀者同時亦能從中獲得繪畫知識、
描寫技巧，包括色彩搭配方法的提示；此
外，亦涵蓋服裝的輪廓線、繪製飾品與配件
的重點，以及時尚的人體比例。切記：要畫得
有說服力，下筆就得使用自信、大膽而直接的
線條。將原創的點子透過不斷的繪畫、修改、
「擠壓」出更好的表達方式，希望最終能完
成一幅插畫，這需要一段漫長的過程——本
書正涵蓋了其中所需的各項技巧與指引。

卡蘿·努娜麗

Carol A. Nunnelly

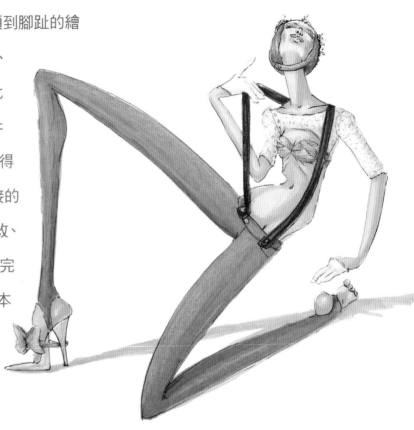

愛畫什麼就畫什麼的滿足感，通常會在瞭解作品表現意圖之後被抵消。想畫出能解決眼前問題的作品，就要選用順手的、適當的、有助於完成技巧紮實插畫的方式；這樣就能解決特定的問題。

如果已經找出某些有效的手法，那麼不妨加以延伸、發揮，並多方嘗試新作法。經驗與練習可讓你在完成繪畫的過程中有更多選擇，而且也有助於使作品精益求精。本章將討論如何透過作品的完成，探索廣泛多樣的媒材。對服裝畫而言，恆常的真理就是：不斷地重塑各種創作方式。試著傾聽內在的聲音，同時衡量畫作的成效。如果它們是建立在紮實的技法上，而所使用的媒材又能恰如其分地描繪出服裝，那麼表示你已經掌握本章的關鍵重點了。

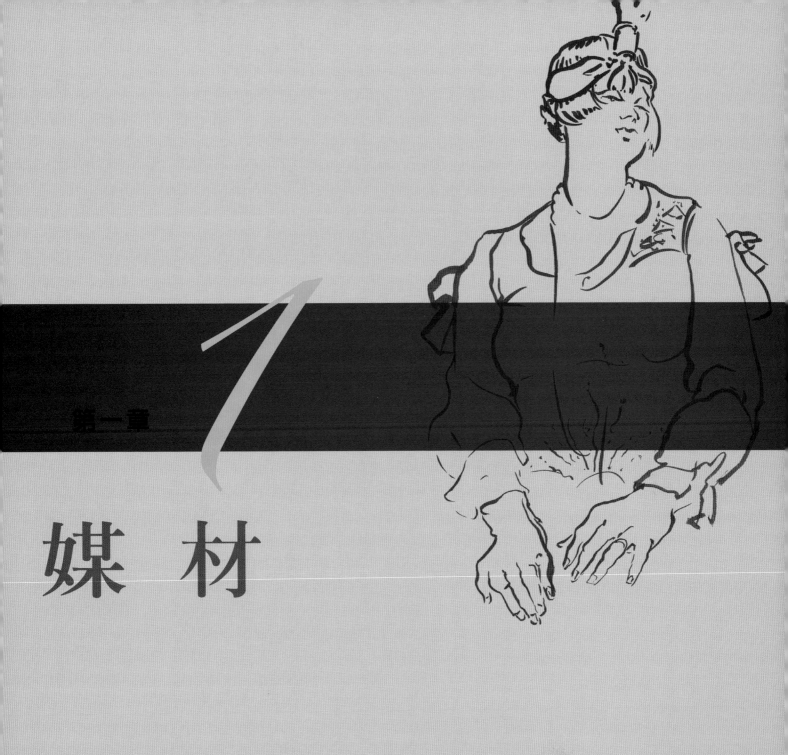

1

媒 材

乾式媒材

單色

無彩色的媒材包括鉛筆、炭筆與炭精筆。炭筆能做出塗抹與渲染的效果，是表現光、影強烈對比與製造量體感的最佳媒材之一。鉛筆可用來繪製草稿與表現外框輪廓線。以上都是插畫家與服裝畫家最常用的媒材。

炭筆與炭精筆

炭筆大多會用來繪製形體、褶份與光影。使用炭筆與炭精筆的黑白色系，易於表現形狀與明度，且能提供線條與明暗調性的處理。

技法：線條與形狀的繪圖；表現塗抹的質感；拼貼式的繪畫；創造光線與陰影的效果。

購買原則：炭筆與炭精筆皆有軟、硬兩種筆心──硬芯炭筆，顏色較淺且不易塗抹；軟質的則顏色較深，而容易塗抹渲染。炭筆較難削尖──要用刀片削尖。

用紙：畫炭筆時，使用大尺寸的紙張較易繪圖。因為炭筆是屬於軟質的媒材，如果畫在小尺寸的紙張上，會讓線條與塗抹的筆觸顯得大而無當。可用於白色或彩色紙上。

優點：炭筆是「吃苦耐操」的媒材，也是畫人體模特兒的最佳選擇。可用以表現不同粗細、流暢與大膽的線條，同時能營造型體與量體強烈的視覺性。

缺點：炭筆易於塗抹，所以較難保持紙張的清潔。炭筆線條無法完全拭擦乾淨。溼式媒材較難添加在炭筆線條之上，且容易造成線條模糊，產生弄髒、灰黑的污跡。

使用難易度：容易。

鉛筆

鉛筆經常用於畫稿與完成作品。

技法：可用於各類的繪圖。從最初的草稿到完成圖的外框線。

購買原則：要買一系列深淺與軟硬不同的筆。從9H（最硬）到9B（最軟）。

用紙：適用於任何紙質與大小尺寸。

優點：鉛筆的價格低廉且容易取得，同時方便攜帶、隨時可用，從繪畫的構想階段到美化完稿都適用。

缺點：較難畫出真正很深的黑色。

使用難易度：容易。

鉛筆繪圖的細節

仔細觀察本範例中，鉛筆如何表現描寫的細節。以不同粗細的線條來增加趣味，同時具備完稿的品質。若能著色即可增強畫稿的品質，但也非必要的。再則，在截稿日期緊迫之下，僅用鉛筆繪圖便能有絕佳的完稿。

褶份與型體

本範例說明，炭筆如何精確地描寫布料的褶份量感與柔軟度。請注意，炭筆線條的粗細用於繪製布料的厚實或輕薄感的優美表現。

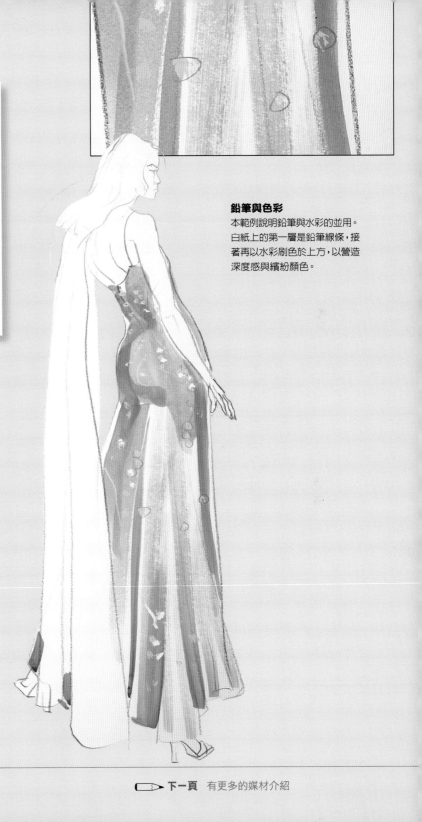

2 彩色鉛筆

彩色鉛筆能單獨使用或與其他媒材並用；在繪製人體與衣服的細節、外框線時，是最佳的媒材之一。將彩色鉛筆添加在麥克筆或水彩畫之上，是廣泛應用的技巧。彩色鉛筆用力畫在油性紙質表面，會產生永久性的痕跡；換句話說，彩色鉛筆的線條不易清除。

技法：外框線；細節；描繪布料的表面質感；與麥克筆、水彩並用；繪圖著色。

購買原則：彩色鉛筆顏色繁多，可先購買一盒基本色系，日後需要時再添購其他顏色。同時可購買彩色鉛筆的工具盒，作有系統的收納，這是很好的投資。

用紙：任何質感的畫圖紙，幾乎都能使用；可嘗試各種顏色與不同磅數的紙張，水性彩色鉛筆用於厚紙上較佳。一般而言，鉛筆繪圖較適合小尺寸的紙張。由於鉛筆線條很細緻，選用較大尺寸時，輪廓線的表現會略顯薄弱。素描本最適合彩色鉛筆。

優點：鉛筆線條最能表達繪圖的細節、銳利的外框線。此外，彩色鉛筆也有許多色彩選擇。

缺點：只買幾種彩色鉛筆很難表達繪畫時的色彩差異——因此需要購買一大組（盒），費用也相對提高。同時，著色後不易清除，塗上多層之後會產生油蠟感。彩色鉛筆雖然可以用來繪製大尺寸的紙張，但以畫在小尺寸與繪圖本上的表現效果較好。

使用難易度：容易。多層次的繪圖表現——將彩色鉛筆添加在麥克筆或水彩畫之上再描寫細節，是常用的技法。

鉛筆與色彩
本範例說明鉛筆與水彩的並用。白紙上的第一層是鉛筆線條，接著再以水彩刷色於上方，以營造深度感與繽紛顏色。

▭▷ **下一頁** 有更多的媒材介紹

溼式媒材

顏　料

在刷過清水的紙張上，塗上水彩顏料是調色的最佳方法之一。或是僅把顏料滴在畫紙上、或用潑墨法都能營造令人驚豔的效果。水粉是不透明的水彩，單獨使用或結合其他媒材皆可。水粉畫在透明水彩、麥克筆之上都可產生絕佳的效果，而淺色的水粉甚至於能覆蓋深色的畫紙。

效果難以預期

將水彩顏料以滴畫或渲染的方式繪圖時，會產生隨機與無法預期的效果。運用溼式或乾筆的技法，即能營造多種表面質感與豐富色彩的表現。水彩無法永久性的固著顏色，由於它即使在乾燥後仍可用清水溶解顏色，所以要小心保存作品。以多層次重疊顏色時，要小心避開使顏色渾濁或過度混合的區塊。

水彩

技法：描繪布料；顏料渲染；光線與陰影的效果；溼筆畫法；乾筆畫法。

購買原則：顏料有兩種包裝：管狀與餅狀。餅狀顏料使用上較方便，而管狀顏料則有較佳的色料與色彩表現。如需顏料調色用於大面積繪圖時，則選用管狀的。

用紙：建議選用白色紙張。在水彩的使用上，通常會運用顏料透明感的特性，以多層次的著色方式來營造光影。因此，厚的水彩紙是最好用的，否則薄紙易在吸水後產生皺紋。

優點：能營造出鮮豔與光亮的畫面，更適合用於表現輕鬆、鬆散的風格。

缺點：水彩顏料無法永久性乾涸。因此，在著色增加層次時得用快速且輕刷的筆觸。同時，從餅狀的顏料中也無法混合大量色料。

使用難易度：不太容易。

乾筆技法

本範例使用乾筆技法繪製褲子，請注意鬆散、快速的著色方式，如何使作品產生速寫的特色。

精緻的細節

注意本範例中，利用水彩精緻地表現洋裝與頭髮的細節，以及如何輕鬆地呈現印花圖案與皮膚的顏色。

「上淺下深」的層疊技法

　　水粉在表現「上深下淺」的明度變化或是「上淺下深」的描繪，都要使用層疊技法。淺色的水粉顏料很容易覆蓋在深色的紙張表面。水粉也與水彩一樣無法永久性固著顏色，因此，對完稿後的作品也要小心的保存。

水粉

技法：圖案描繪；細節；配件；在色紙上繪圖。

購買原則：選購數個基本顏色，就能用於所有色系調色，包括：白色、黑色、火紅色（暖色）、印度紅（冷色）、寶石藍（暖色）、海軍藍（冷色）、土黃色（暖色）、檸檬黃（冷色）。只要準備這些基本顏料，就可以混合出所需的任何色彩。

用紙：水粉可用於不同大小尺寸的紙張，也能著色在不同表面質感的紙，包括：白色素描紙、水彩紙、模造紙與色紙。

優點：水粉是不透明與色彩鮮豔的顏料，顏料乾燥之後，能營造出深具絲絨感的表面質感。

缺點：水粉乾涸之後，無法永久性固著顏色，只要一小滴水就能破壞畫面。

使用難易度：中等。

在一般的情況下，會經常使用水粉繪圖。

水粉用於色紙上
本範例中，說明水粉如何覆蓋背景的色紙。只要簡單塗上單層顏料就完成了。

▭▶ **下一頁** 有更多的媒材介紹

溼式媒材

4 墨　水

用刷筆沾黑色墨水來繪圖，更能展現線條的美感。此類媒材的最大優點是很容易營造出線條的流暢感。同時，也能結合其他媒材；諸如：粉彩、水彩與彩色墨水。彩色墨水的色彩鮮豔，且繪圖的表現猶如水彩般，並有金屬光澤的顏料。

黑色墨水

技法：細節；人體素描；流暢與不同粗細的線條；水彩；粉彩。

購買原則：黑色墨水有油性與水性兩種。若要用於結合其他媒材，並層疊在其他顏料之上，請選用油性墨水。

用紙：各種紙張──包括色紙都適用。最好選擇較厚的紙，並確定紙張遇水後不會產生皺褶。

優點：黑色墨水能營造繁複與精緻的細節，簡單且延長的流暢線條。使用刷筆沾墨水繪圖，易於表現不同的線條品質。

缺點：刷筆沾墨水繪圖較難掌控獨具流暢感的筆觸。使用時須具有快速與謹慎的繪畫技巧，且較難把握繪圖的比例。

使用難易度：容易。

大膽的線條

本範例以大膽的墨水線條繪成。請注意臉部的細節需使用細小的筆觸，而腿部則以較長線條來描寫──兩者都得採用流暢的筆觸，這些都能以墨水這種媒材來呈現。

添加色彩

在底層繪製模特兒的姿勢與服裝細節，然後再以水彩顏料著色於上，就能提供更多的表面質感與色彩訊息。本範例中，並非使用濃厚的顏料，因此或多或少都能顯現水彩下的原始線條。

混色效果

　　彩色墨水的溼式渲染技法可營造出許多有趣的色彩組合。墨水的基本特性與水彩相似，但在調色的效果上不盡相同。墨水的混合能營造出夢幻般的抽象感，用來描繪有光澤的布料，如絲絨、條絨能表現特殊的效果。油性壓克力顏料乾燥後顏色可以永久固著，而其他的彩色墨水則否。壓克力顏料也有金屬的顏色，所以能增加作品的光澤與閃亮效果。

彩色墨水

技法：布料描繪；溼式渲染；質感；配件繪圖。

選購原則：先選購數個基本顏色，能以混色的方式調出其他色彩者。金屬色──金色、古銅色與銀色──亦可選購。

用紙：白色的厚紙是最佳選擇。因為浮凸於白色紙張上的顏料，最能表現色彩的特質。模造紙、水彩紙或其他更厚的紙張皆適用。

優點：墨水是繪製配件與布料光澤感的最佳媒材之一。

缺點：較難控制渲染的範圍。最好的辦法是放輕鬆，讓顏色自行調和混色。如果渲染後顏色看來不吸引人或過度表現質感，就可能白費過多的力氣了。

使用難易度：較困難。

顏色的作用

本範例說明，併用雙色的彩色墨水後──渲染效果營造出表面質感，且顏色呈現則十分適合有光澤的布料。

光與影

本範例中，請注意墨水顏料如何有效地描寫光線與陰影。衣服透過深淺不一的彩色墨水營造出顯而易見的造型。

▷ 下一頁　有更多的媒材介紹

溼式媒材

各類畫筆

使用麥克筆表現層疊技法或結合鉛筆使用，皆可立即營造出極多種色彩與質感。膠水筆能在已繪圖完稿與著色的表面，再增加細節描寫與不透明的效果，通常能在混合媒材的繪畫上，完成最後層次的增艷效果。

全系列色彩

使用麥克筆時，需要全系列的顏色與各種明度的筆。麥克筆可用調色筆來混合顏色；調色筆是清晰透明、無顏色的麥克筆。由於麥克筆很容易乾涸，因此，購買後要盡早使用。

麥克筆

服裝畫經常使用麥克筆。

技法：布料描繪、人體描繪、臉部、小尺寸的繪圖。

購買原則：最初要購買全系列顏色與各種明度的麥克筆，其費用是昂貴的。選購一組基本色系與數支灰階的麥克筆，著手進行時就足夠使用。最好再準備專用筆盒或工具盒來收納，以便隨手可得、隨手可用。在著色上，可用層疊技法使少數的顏色發揮最多的功效。

用紙：任何磅數的白色紙張都適用。由於是溼式媒材，因此，最好選用紙張較厚的模造紙，較易吸收水份與層疊顏色。

優點：麥克筆易於快速著色與層疊色彩。雖然歸類在溼式媒材中，但它乾燥速度很快，可以一層一層地上色。

缺點：麥克筆即使未使用也會乾燥，因此，選購後要趕快使用。

使用難易度：容易。

全彩繪圖
以麥克筆繪圖，可以讓你輕而易舉地快速完成全彩的服裝畫。本範例說明，以麥克筆描繪人體膚色與其光影。請注意，淺灰色的麥克筆如何在T恤上渲染，且保有白色毛衣上的光線效果。

最後的層次

　　許多服裝畫常使用著色層疊技法。在最後、最上層，用膠水筆描繪明亮色彩或淺色是不錯的一種選擇，尤其是下層為灰黑色而其他媒材無法表現時。

膠水筆

你會常用膠水筆的。

技法：增艷作品；細節；圖案描繪；臉部描繪；閃亮感；亮片、光澤描繪；與麥克筆或水彩結合使用。

購買原則：白色是必備的，也可加購其他金屬色系。

用紙：各種尺寸皆適用。或嘗試白色素描紙、水彩紙、模造紙與各類的色紙。

優點：膠水筆在描繪飾品與配件是最佳選擇。可快速使用並得到立即效果。

缺點：膠水筆易於堵塞與乾涸。

使用難易度：容易。

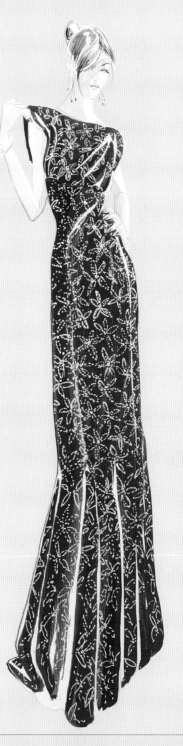

閃亮的增艷
這襲紅色長禮服先以紅色墨水描繪布料，接著再用銀色的膠水筆畫出閃亮的印花圖案。

下一頁　有更多的媒材介紹

溼／乾式 媒材

粉 彩

油性粉彩能表現鮮豔、蠟光且大膽的效果，可單獨使用或結合水彩。粉質粉彩為乾式媒材，亦可單獨使用或與彩色墨水、炭筆並用。粉彩很容易塗抹暈開，因此，完稿後需噴定稿膠。

油性粉彩

使用油性粉彩時，需要謹慎的表現繪畫感、著色或誇張線條的繪製。

技法：畫線條；形狀——與松節油混用；與水彩並用時可單獨顯色；圖案與拼貼畫；減少白色背景（或留白）。

購買原則：最好選購一系列多種顏色的盒組。如果需要特殊顏色時，油性粉彩很容易購得單色。例如，另外選購金屬顏色。

用紙：大尺寸的紙張較佳，以配合油性粉彩繪圖時的誇張線條。如果要結合使用松節油，表現層疊色彩繪圖時，紙張是越厚越好，才具備足夠的韌性避免破損紙張。另外，其它色紙或白色紙，都是增加變化的選擇。

優點：使用大尺寸的紙張，以繪畫人體模特兒時，油性粉彩是最佳選擇，易於創作出強而有力且誇張的線條，同時顏色也能十分鮮明美麗。

缺點：油性粉彩較難削出尖尖的筆頭，而畫出的線條也往往比其他媒材粗大。如須表現精緻的細節時，請勿選用油性粉彩。例如：手部與手指。若以松節油溶解顏料的調色時，易造成層疊色彩的過度運用；解決辦法是在筆觸上要快速靈巧，著色時避免用力過度或層疊太多顏色。

使用難易度：油性粉彩較容易繪製線條，然而用松節油溶解顏料，表現類似油畫的質感則是較困難的。

圖案線條

本範例中的線條大膽、圖案化。油性粉彩很適合繪製線條；因能快速畫出彩色線條，所以不需著色即可保有完稿的品質。

油畫感的效果

想要營造出類似油畫質感的效果，油性粉彩是很好的選擇，因其顏色豐富飽和且具質感，可利用層疊色彩的技法來重疊顏色。請注意本範例中留白的效果——圖紙的某些部份是沒有著色的，以便增加新鮮感。

塗抹的效果

　　粉質粉彩能繪製全系列色彩與明度的效果，更能以光線與陰影表現造形。因為粉質粉彩具有可塗抹暈開的特性，因此，需保持背景與畫面的清潔感。在完稿後通常會用定稿膠保存作品。

△ **粉質粉彩畫於色紙上**
用色紙畫圖可以節省時間。本範例中，模特兒腰部的衣服褶份，並未著色直接留用色紙的藍色。

光線與陰影 ▷
本範例中說明，如何以白色紙張表現光線與陰影。僅用少數的粉彩著色來強調質感。當用來增豔色彩的效果時，粉彩可提供豐富的對比與質感。

粉質粉彩

在表現特殊技巧時，使用粉質粉彩時須謹慎的考量。

技法：褶份的繪圖；塗抹的質感；光線與陰影的效果；對背景顏色的留白。

購買原則：要選購一盒組的顏色，每個色相至少要有兩色---淺色與深色──才能繪出形體。例如：使用紅色時，要有暗紅與粉紅兩色，來營造較深與較淺的紅色繪圖。當然，要達到運用全系列的色彩時，在可負擔的範圍內越多顏色越好。越軟的粉彩可用於大面積的著色，而較硬的粉彩則可用於繪製線條與細節。

用紙：選用大尺寸的紙張較佳。因為粉質粉彩容易畫粗的線條，較難畫銳利的邊線。大紙張上的形狀著色較容易。粉質粉彩畫在色紙上的效果優異---色紙的顏色可成為繪圖著色的一部份，不但可以節省繪畫的時間，更能表現新鮮感。白色紙張也是很好的選擇，具有質感紋路的紙也很好用，因為粉彩的附著度在粗糙表面高於光滑紙面。

優點：粉質粉彩是繪出造形上強烈光影對比的最佳媒材之一，且很適合描繪形狀。

缺點：色彩塗抹的技巧較難控制，由於粉彩條很難削成尖端，繪圖時畫面與雙手較難保持清潔。另外的缺點則是，粉彩畫的完稿品質很脆弱，需要裱褙或噴灑定稿膠來保持作品。

使用難易度：較困難──本媒材需要較佳的繪圖技巧，才能表現出專業感。

 下一頁 有更多的媒材介紹

乾／溼式 媒材

複合媒材

拼貼是瞭解造形的優良技巧，可以同時觀察繪圖的輪廓線與背景，更能實驗非傳統的繪畫媒材，諸如：噴槍畫、閃亮金粉膠、化妝品來活化或趣味化你的服裝畫。

拼貼

你會經常使用拼貼。

技法：拼貼適合各類的繪圖，且要小心的使用———精緻、修整的繪製或自由自在的剪紙——例如，拼貼作畫的人體素描用真人模特兒。

購買原則：留存、購買或收集各式各樣的紙張，包括薄棉紙、包裝紙、報紙、雜誌、廣告紙與照片⋯⋯等。另外布塊、花邊也可以黏貼在拼貼畫上。

用紙：任何種類的紙張與材料可用於拼貼技巧的：描圖紙、道林紙、白紋紙、水彩紙、模造紙、色紙、模型板、各種購物袋、牛皮紙、報紙、雜誌頁、布塊與織帶。

優點：服裝畫使用拼貼的最大好處就是好玩、有趣！同時也是完美地回收再利用的技法。

缺點：如果要正確的剪出每個形狀時，拼貼會花費較多的時間。

使用難易度：中等。拼貼的剪貼本身很容易，但是要組合成具說服力的作品較困難。

拼貼畫
本範例中，拼貼的作品中，用壁紙剪成裙子、薄棉紙用於腿部，以亮彩金屬膠點綴口紅。外框輪廓線則用炭筆繪製。

噴畫與亮彩金屬膠

　　畫服裝時，偶爾會使用亮彩金屬膠與噴畫來增加實驗性的趣味，於表面浮凸的線條，能營造簡單而效果佳的繪圖。這類媒材非常適合用於作品集的封面、其他平面的表現法，亦可用於繪圖本或人體素描，亮彩金屬膠會產生閃亮的光澤。

須謹慎地使用噴畫與亮彩金屬膠。

技法：點綴畫面；細節；作品集封面；配件；拼貼。

購買原則：盡量選購不同的顏色。

用紙：可著色在各種大小尺寸與不同紙質的紙張上——但不限於——白紋紙、水彩紙、模造紙與色紙。

優點：具有3D立體感、閃亮特質的媒材，特別適合用於描寫飾品與配件，可獲得立即的效果。

缺點：噴槍顏料很容易用罄，且著色後色彩較難乾。

使用難易度：容易。

化妝品

　　利用化妝品來繪製服裝畫，其實不需要太多的想像力——終究，這是服裝畫。以化妝品描繪潔淨、美麗的模特兒，來傳遞美感是更佳的選擇。

　　帶著實驗性與趣味的態度，化妝品是另一種媒材的選項。

一般的情況下，要謹慎的使用化妝品來描繪服裝畫。

技法：增艷；細節；實驗性媒材；飾品；拼貼畫。

購買原則：使用化妝品繪圖時，需要眼線筆繪製線條，眼影描繪形狀、光影明暗的效果。而唇膏、指甲油也能應用，大膽放手把化妝箱內的拿出來用，同時保留各式免費贈品與自己不用的顏色。

紙張：適用於各種大小尺寸與紙質，可實驗性的使用描圖紙、白色素描紙、水彩紙、模造紙與色紙。

優點：深具實驗與趣味性。

缺點：著色於紙上時，易受污染較難保持清潔。

使用難易度：中等。

△ 指甲油與眼影

模特兒的外框線以眼線筆描繪。著色顏料使用眼影表現質感與色彩。頭髮用指甲油來達到增艷的效果。

◁ 飾品與修飾

著色顏料浮凸於表面，形成裝飾性的效果。最佳範例來說明，浮凸顏料強化並修飾項鍊的描寫。

✏️ **下一頁** 有更多的媒材介紹

該如何描述線條之美？面對一幅描繪得極出色的人物插畫時，該如何表達出當時的視覺感受。多數人在繪圖上都需要加強線條的練習，本章會幫助你評估自己在技法上的優缺點。探討線條的品質時，要以強而有力、深具權威感與誇張大膽的角度思考。幾條線連接在一起，就成為「形狀」。形狀很容易了解，如果視為「輪廓線」──大多數的服裝畫都與輪廓形狀相關。本章重點在於幫助你明瞭線條、形狀與色彩之間的相互關係。

第二章

線條、
形狀與色彩

技法 8 線條與形狀

線條與形狀是定義服裝畫品質的兩大要素。極簡的線條只需少數筆觸即可傳遞訊息。圖案的形狀用於表現：衣服輪廓、人體造形、光線與陰影，或是描繪著裝人體與衣服的範圍。

線條

線條之於服裝畫，猶如作家的文句。透過逐筆的線條，服裝畫成為強而有力的創作，提供觀者關於服裝的細節、及模特兒的表情與姿態。藉由線條精確地表現服裝，就能簡化圖稿，下筆也能充滿自信。

輪廓

輪廓線的形狀傳達出兩種基本概念：衣服的原創概念與模特兒的姿勢。本頁右圖中的模特兒表現出穿著褲裝的輕鬆姿勢，或是穿著正式小禮服的優雅姿態？它傳遞出寬鬆或是合身的衣服線條？「形狀」可提供觀賞者以上答案；視覺傳達的任務全靠它。

平面形狀

平面形狀也是很重要的工具，它可以簡單也可以複雜，是傳達表情的關鍵。組合一系列的形狀，就能表達出繪圖的故事性。形狀會強化繪圖，同時提供圖稿架構的質感與色彩。

訊息的類型

比較以上三種服裝畫所傳達的訊息：輪廓（左圖）、線條（中圖）、平面形狀（右圖）。

光與影的形狀

運用光線與陰影的形狀，可加強人體造型的深度與立體感。觀察簡化的光陰效果，可以看到兩種形狀。

黑與白

在此可看見白色用來表現高光，而黑色則用以表達陰影的區塊。

運用明度

在右圖中，可看出：當服裝的明暗涵蓋極端的明亮與黑暗，此時在造形上使用光線與陰影是極具挑戰性的任務。表現的重點在於畫出相近的明度，避免過度的黑白反差。參考下列圖表中的灰階，有助於決定衣服形狀與灰階的色彩濃淡。

明度表

以下的明度表說明基本的灰階。與實際生活中的色相與明度相較，如何利用顏料轉化為簡單的色階。顏料約能描寫出可辨識的9到12種灰階。色彩轉換為灰階時，以衣服的顏色與灰階表進行明度的比對。服裝畫上前後鄰近相接的色相，可以調整成較淺或較深的顏色。

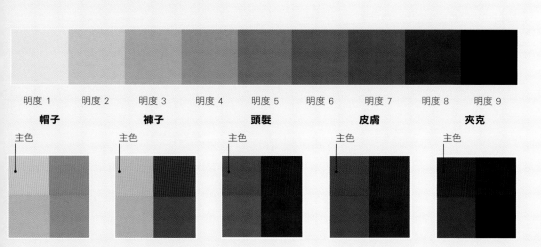

明度 1	明度 2	明度 3	明度 4	明度 5	明度 6	明度 7	明度 8	明度 9
帽子		**褲子**		**頭髮**		**皮膚**		**夾克**

技 法 9

線條的品質

將繪圖用幾道關鍵性的筆觸予以簡化,就能表達得強而有力,這就是善用線條的表現。細緻的線條可以表現脆弱、蕾絲般細緻的效果;粗獷的線條可用來表現皮革或較誇張的牛仔布。

讓線條說故事

成功地使用線條,在於仔細研究並詮釋所見到的主題──將筆觸與圖案轉化為準備呈現給觀眾看的成果。為了傳達繪圖中所要表現的意義,筆觸可以有各種不同的量感與明度。

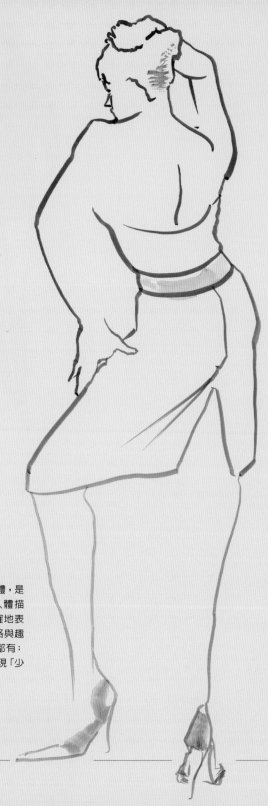

以極簡線條描繪後視圖

運用精練與極簡的線條描繪人體,是服裝畫的完美表現。本範例之人體描繪,只選用少數關鍵線條,即明確地表現出姿勢與體態,且展現個性風格與趣味性。圖中線條的量感從粗到細都有;請注意如何刪除多餘的線條,表現「少即是多」的美感。

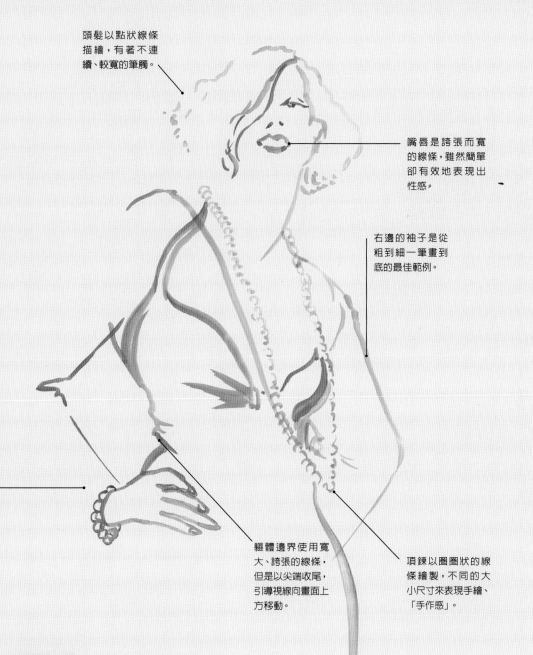

頭髮以點狀線條描繪，有著不連續、較寬的筆觸。

嘴唇是誇張而寬的線條，雖然簡單卻有效地表現出性感。

右邊的袖子是從粗到細一筆畫到底的最佳範例。

此處的袖子周邊沒有畫出外緣輪廓，使觀者自行想像填滿、參與描繪過程，為這張畫增添了趣味性。

軀體邊界使用寬大、誇張的線條，但是以尖端收尾，引導視線向畫面上方移動。

項鍊以圈圈狀的線條繪製，不同的大小尺寸來表現手繪、「手作感」。

線條繪圖的剖析

本圖例以刷筆沾紅色墨水繪成，表現不同線條品質的美感。請注意刻意刪除的線條如何美化了留白的畫面。

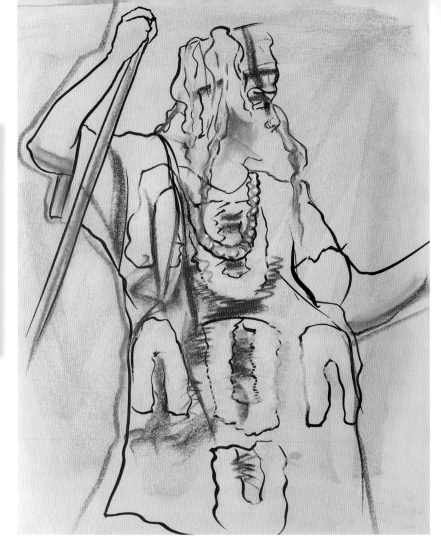

技法 10 色彩與質感

色彩可以寫實──與實際生活中的顏色完全相符；也可以是和諧的調色──著重於情感的表達、非寫實地描摹某種氛圍。質感應該略帶暗示性，而非依樣畫葫蘆地直接複製表面質料特性。

質感豐富的布料 ▷
本範例中，非洲織品的繪圖裡襯衫是金色的，卻可見褐色與黃色的點綴，就能「暗示」是質感豐富的布料。

◁ 條絨布的質感
本範例中，褲子的條絨布之豐厚質感是以綠色、褐色與黑色描繪。質感標示主要的色調，並且以深淺不一的顏色，表現褲子的量體感。

抽象表現與具體寫實的對照

　　把布料樣本黏貼在服裝畫旁邊，繪圖時就要考量布料顏色的真實性。同時更要正確地表達其色彩，然而其他部份則可以是非寫實的。抽象表現非寫實顏色是很容易的，不需要過多的考量，很容易達成好的色彩配色，只要組合自己認為吸引人的顏色即可。

　　色彩的特性：「明度」是指色彩明亮與灰暗的程度，「色溫」是指色彩引起寒冷或溫暖感受的特性，「彩度」是指色彩濃淡的程度；一般而言，配色時兩者相差越大、越容易成功。

　　用色時可遵循「配色守則」發揮最大效益，或選擇以直覺判斷。開始製作個人的色彩筆記，蒐集各種彩色紙張與布料色樣，藉以檢視自己喜愛的傾向。一旦了解自己的喜好所在，可嘗試著運用不熟悉的色彩，關鍵在於實踐。

　　寫實的色彩是一種訊息，也反應出現實。同樣的構圖，以非寫實的色彩著色，會產生不同的情感情境。繪圖時，兩種作法皆可，依個人需要及所欲達成效果而定。

表現質感

質感吸引著人們的觸覺，同時也增添了插畫的趣味性與複雜度。色彩是透過明暗分布來顯現的，然而當光線照在物體上時，對肉眼來說，質地則較為明顯易見。這是因為物體的表面──好比布料與膚色，能反射或吸收光線。當光影在物體表面交會時，你可以清楚看見更多質感的細節──因此，要成功地描繪質感，必須減少要表現質感區域附近的明暗對比，以凸顯重點。

▽ 針織質地

模特兒身上這件針織褲是棕色的，這裡的厚重針織質感是以灰色、棕色與橘色交織、在光影交會的邊界繪製而成的。這種織物會吸收光線，有啞光的效果。留意觀察插圖中的布料質地，以及被保留的獨特色彩表現。

主色與點綴色

這些服裝（左、右與上圖）都運用了主色的形式，以鮮豔的顏色展現出獨有的質感與概念。請注意，襯衫的後視圖（右）由黃色、紫色與綠色組成；襯衫的主色是紫色，其他的顏色則用於點綴，以產生增豔效果。一般而言，若使用其他色彩點綴，主色仍須佔三分之四以上的比例。

◁ 質感實驗

左表說明質感的繪圖實驗，質地多半以乾筆技法繪製。別忘了也可用滴畫渲染、刮出刻痕或層疊的繪圖技法來試驗。

▷ **光線與陰影的簡化形狀**

請注意範例中,人體素描都由簡單的光線與陰影形狀來表現。每一個形狀皆獨立鮮明且美麗。

9個灰階明度

雖然繪畫的顏料無法調配出所有色彩的明度,但仍可將多數的顏色轉化為簡單的灰階。可以使用9個灰階明度表,作為顏色比較的基礎,藉以瞭解光線在形體上的顏色如何轉化為明度對比。

質感與色彩掌控

只在形體的單側一例如僅在受光面繪出質感表現,或是描繪出整體質感。如果要表現整體質感,為了畫出立體感,在第一層著色時,可將形體兩側畫較深一點。利用顏色來表達視覺上的質感,可考慮使用至少一種顏色以上的底色。所以,如果要畫一件紅色的衣服,試著運用不同色相的紅色來增加色彩的豐富性。質感不是平滑的,多半都會受到多種顏色的影響。例如,一個灰色或褐色的石頭,其實是由無數的色彩組成;一個「褐色」的石頭,會包含咖啡色、黃色與橘色,也會有金色作點綴;光線可揭露出大量色彩。

相關的明度

本表呈現所有的色彩,即使是高彩度的顏色,都能轉化為相似的灰階明度。範例中,黃色是3,藍色是7,紅色是6。每一個顏色都可以調色成較淺或較深的明度,如左表內所顯示。

點綴色

　　觀察形體時，試著觀看主色以外的顏色。點綴色通常是直覺的選擇，是使畫作更具趣味的來源。橘色的襯衫以黃色來點綴，更能增豔橘色效果，而較少使用的藍色也會有相同的功效。點綴色是非常少量的顏色，不要過度使用。

建立層疊、層次

　　描繪質感時，在繪圖中加入層疊的技巧。例如，用粉彩畫出底色，在粉彩之外再加上其他顏色。底色以水彩繪製，接著再用彩色鉛筆於上方描寫質感。質感繪製的實驗裡，亦可嘗試潑灑的效果或乾筆技法來層疊顏色。

◁ **紅色光，冷色陰影**
紅色與藍/綠色的臉部說明，溫暖的紅色光與寒冷的藍/綠色陰影的繪圖原則。

色彩與光線的溫度

探討形體上光線的效果是有趣的。光線的顏色可分為溫暖或寒冷。如果主體為暖色光，陰影則使用冷色。在服裝畫中，模特兒若以冷色光繪製，陰影就要加入暖色。本原則適用所有的色彩。例如，白色的衣服以暖色為光亮點，陰影要使用較冷的顏色。白色布料上顯現淡金色的暖色光，陰影要以藍色繪製；冷色光源之下的白色衣服會呈現淡藍色，而陰影則以溫暖的橘色調繪製。

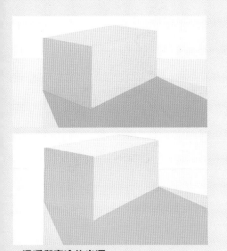

△ **溫暖與寒冷的光源**
以上圖示中說明，白色的長方體在暖色光與冷色光的照射下，其光亮面與陰暗面的效果。

△ **藍/綠色光，冷色陰影**
上圖中的模特兒示範溫暖的藍/綠色與金色的光線，與寒冷的紫色陰影。

皮膚的顏色
模特兒臉部有冷色的陰影，皮膚的部份留白可看到白色圖紙，需再補上更多的藍色陰影。

色彩與明度的配色

　　要以著色媒材搭配出最佳顏色組合時，需先把重點放在調色或分析色彩特性，然後才創造顏色。顏色有多淺？看來像甚麼物品的顏色？它大部分是綠色的嗎？有多明亮？你能經由加添微量的顏料調色使顏色較淺、較深或是柔和些，不斷嘗試，直到出現最合適的色彩為止。

練習調色

　　顏料在乾燥前後的色相是不相同的。因此，需預留顏料乾燥後的明度變化空間。練習調色的方法之一，就是剪下雜誌的色塊，然後試著以顏料調出最相近的顏色。嘗試錯誤會使你學到更多調色的經驗。

光線的影響與明度對比

　　光線投射在人體上，會產生兩種區別明顯的形狀。這些形狀可分成為光亮與陰影：「亮面」與「暗面」。明暗形狀的決定來自──從單側朝模特兒投射的燈光。試著調整與變換燈光的角度，最佳的光源是由上方的側邊向下投射。

　　保持簡單的亮面與暗面形狀，是表現量體效果與建立造型的基礎。把兩種形狀分成不對等的比例。然後，再決定繪圖中每個形狀的明度與色相。服裝畫

▷ **寫實色彩的調色**
本範例中的服裝色彩為實際的真實顏色，人體與頭髮也是寫實的顏色。

▽ **抽象色彩**
本範例中模特兒的頭髮不同於真實色彩，項鍊的顏色帶有點綴色的反光。

◁ **顏色樣本**
從雜誌剪下來的色樣（上排）與顏料的色彩相同（下排）。加入細緻的質感表現，使色彩的調色與配色與色彩樣本十分吻合。

可略分為：衣服的形狀、人體的形狀與背景的形狀。所有的形狀都有獨立可辨識的主要明度。例如，黃色的襯衫，其主要的明度在9階明度表裡是3。大部分顏料的灰階明度之數量，都比實際生活中的明度來得少；所以，畫圖時先找出每個形狀的主要明度，然後再多用兩個相關的顏色來表現亮面與陰暗面。因此，黑色裙子的主要明度為9時，其亮面

的明度就要使用7。每個主要明度都有兩個相關明度，本規則可沿用至所有形體的色彩與明度。

白與黑

描繪白色與黑色布料具有特殊的挑戰性，因為必須考量如何以相關的明度來表現亮面與陰暗面。

白色布料

描繪白色布料須以高明度的色彩「輕描淡寫」。衣服要以明度區分亮面與陰暗面的形狀，陰暗面的明度大約是第2階或第3階即可。白色布料繪製於白色紙張時較難呈現，因此，在著裝模特兒的週圍畫出較深的形狀，即能凸顯白色的衣服。另外一個表現白色布料的方法，就是用色紙繪圖。色紙的明度為第3階或第4階時較佳，繪製時讓色紙的顏色成為服裝畫的陰暗面，僅用畫筆描繪亮面即可。

▷ **在米色紙上畫白衣**
右圖的白色禮服繪於米色紙張上，白色水粉畫出亮面的形狀，陰暗面則保留色紙本身的顏色。

◁ **輪廓線**
左圖的白色布料以中間明度來表現。布料是白色的，衣服的輪廓線使服裝凸顯於白色背景及紙張上。

▭ **下一頁** 有更多的色彩與質感介紹

黑色布料

　　描繪黑色布料時，幾乎無法在黑色的表面呈現剪接線與細節。解決方法之一是：先用黑色繪出衣服的形狀，再用淺色添加細節。另一個方法則是：在衣服範圍內，以灰階明度第5階到第9階，由淺到深逐漸著色畫出衣服的形狀。這裡的作法是，在衣服的形狀內，最少有四分之三

的面積塗上黑色，如此才能表現衣服的主色是黑色，以免誤認是灰色的布料。多層次層疊的顏色上，黑色的鉛筆線條是表達形狀與不同明度的最佳方式之一。試著以黑色的外框線描繪衣服的形狀，並在接近形狀的邊緣上留出線條般的留白，此線性留白可成為形體的輪廓線，同時可表達圖案感。

▷ **水彩的渲染**
黑色外套上有印花圖案，底色以水彩渲染的方式表現高明度的漸層。

▷ **鉛筆的細節**
本範例中，男性模特兒穿著黑色水彩繪製的黑色夾克；黑色的鉛筆線條表現出領子的細節與縫合線。

◁ **藍色的底色**

本範例中，黑色的長褲有藍色的底色。色彩是豐富的組合，深藍色與黑色的配色；且強調質感以淺灰的明度來描繪膝蓋部份。

▷ **黑色與白色的描繪**
本範例同時說明黑色與白色布料的描繪方式。雖然，裙子保留一小部分白色表達亮面；然而，裙子仍然是黑色的，因為大部分的形狀都塗上黑色。裙子以黑色鉛筆描繪外框線，並在裙子邊緣保留少量的留白。在白色與黑色之間有過渡兩者的灰色區塊，使裙子更

有立體感。白色襯衫以白紙的顏色呈現，並以明度第2階的淺灰畫出陰影。請注意腿部的外框線如何有效地表現體態。皮草披肩以黑色線條畫出質感，外框線與質感形狀之間則保持大量留白。

▷ **白色線條**
本圖中由白色線條界定褶份與裙子的邊緣線。

素色布料

在所有的素色服裝裡，要尋找創造亮面與陰暗面的色彩。請記得使用灰階明度表來對色，如果主色的明度是第5階，那麼陰影的顏色最深為第7階明度。若布料具有光澤感的反光，就能使用更多不同明度的顏色來繪圖。

避免描繪主色時，僅限於以單色來描寫且該色彩只出現一次。改進的方法為，主色在其他部份再出現一次，讓眼睛重複看見相同的色彩。所以，假如裙子為藍色，那麼就把藍色也用在眼影、鞋子或指甲。視線會主動在服裝畫裡，尋找色彩移動的軌跡。

△ ▷ **主色**
範例中，每個服裝畫的顏色都清楚地表達其主色。某些布料比其他的更有光澤與質感。

　　沒錯，衣服底下有個身體存在。所有的服裝畫家都知道這個事實，同時也深知人體對服裝畫的重要性。本章節中，會說明腳、手、臉部、手臂與腿部的繪製，以及如何保持人體站姿的平衡感。就大多數優異的服裝畫而言，其一貫的成功因素就是能夠畫出紮實的人體。探索人體的繪製，可用前中心線與後中心線畫出完美的體態，同時更能以「伸展」的姿態來表現。

第三章

服裝畫的人體

技法
11
時尚感
的比例

比例的輔助線可協助畫者繪製出最適合表現服裝的人體。時尚感的人體比例有獨特的風格，通常會是高挑、苗條的模特兒——當然，凡事必有例外。接下來的輔助線，可因個人不同的需求而做調整。

繪製人體

比例的研究是針對繪圖的某個區塊與其他部份的相關性，並結合在一起組成一體。時尚模特兒的人體有特殊的比例，使其適合穿著任何裁剪與風格的服裝。時尚模特兒能表現衣服的美感，因此，服裝畫人體的比例便以時尚模特兒之獨特比例為基準。依個人的需求來創造比例與誇張化身體的角度。服裝畫的人體比例是能彈性運用的，繪製的服裝種類、繪圖者的個人喜好、當下的流行趨勢都能影響你決定人體的比例。

三分法

服裝畫的人體比例其「標準」的分配方式之一是「三分法」：頭頂到腰部佔1/3、腰部到膝蓋佔1/3，膝蓋到腳底佔1/3。該比例可讓服裝畫人體看來高挑，某些程度上接近真人的時裝模特兒之人體比例，依循這個原則，大部分的服裝畫都可以適用。

人體比較

以下人體有著相同的比例、高挑、苗條的體態。男性模特兒的角度較多，而女性模特兒則有較多的弧度與曲線。

男性模特兒 **女性模特兒**

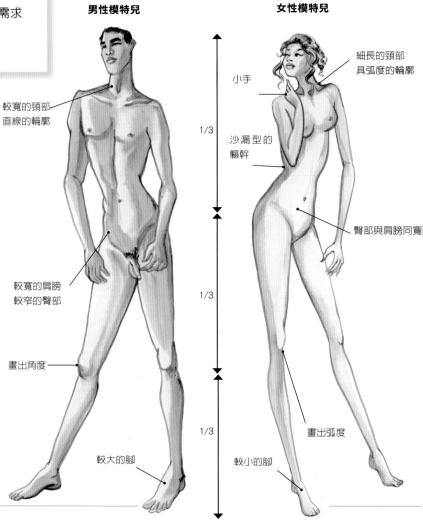

細長的頸部
具弧度的輪廓

小手

沙漏型的軀幹

臀部與肩膀同寬

較寬的頸部
直線的輪廓

較寬的肩膀
較窄的臀部

畫出角度

較大的腳

畫出弧度

較小的腳

1/3

1/3

1/3

男性與女性模特兒人體的比例，依這項標準有相同的長度。不論男、女，其頭部與身體相比，都是較小的，兩者的軀幹都是腰部以上較長，而骨盆較短；大腿較短而小腿較長。

強調性別差異

進行繪圖時可發現，兩性人體的主要差異為：男性的頸部、肩膀較寬，窄腰與窄臀，大手與大腳。女性人體則是：有曲線弧度的頸部，纖細的臀部與腰部，小手與細緻的腳。繪製男、女人體須掌握的要領是：女性人體須加強圓滑曲線，而男性則是有稜有角。

人體比例的變化

多數服裝畫都極具風格，而其他種類的繪圖則是較為寫實，鮮少出現誇張長度的情況。比例輔助線可沿用至不同時期的服裝。例如，1920年代的人體較修長與細瘦；1960年代也類似——但卻露出較多腿與膝蓋的部份。1950年代的服裝畫有較長的軀幹，使腰部有畫出皮帶的空間。服裝風格改變時，人體的比例也隨之變化，優良的輔助線要結合服裝風格與時下流行趨勢，使人體比例適合於表現某種特殊風格的服裝。

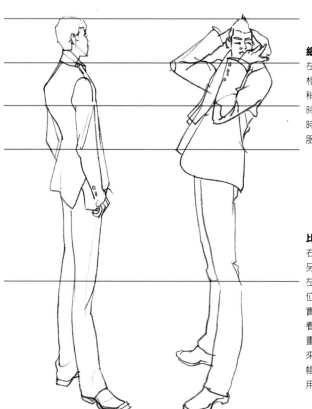

細微的調整

左圖的兩個男模特兒，幾乎有相同的高度，雖然左邊的人物稍微矮一些。在決定人體比例時，可先決定誇張的程度；有時候只需些微的調整，就能使服裝產生優雅感。

比例的掌控

右圖中，一位模特兒非常高，另一位則較矮。請注意觀察，左邊模特兒看來高挑，右側那位則是普通身材。但若採用寫實的方式描繪，右邊的模特兒看起來就會顯得矮小，或許可能畫出不錯的插圖，但服裝看起來就不會那麼討喜了。右側兩幅圖例說明了比例的掌控與運用之重要性。

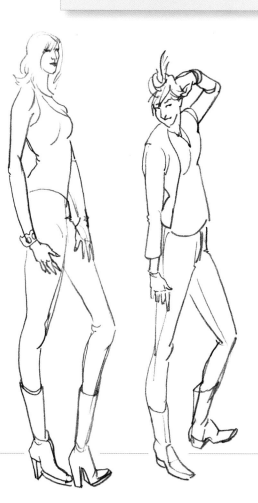

技法 12 軀幹

軀幹是兩個部份的複雜組合;上半段之長度比下半段來得長。在腰部有兩個支撐點,所有的姿態、動作都由此產生。軀幹大幅度的動感、彎曲與扭轉,能使服裝畫產生力量。側面、向後傾、向前傾的彎曲動作,都能有助於創作出更具動感與說服力的作品。

分割軀幹

上半身包括:肩膀──雙肩皆能各自活動以及臀部,二者相連成一體的部份即為上半身。臀部的骨骼構成為:當一側提高時,另一側則下降。要畫出具有說服力的人體,必須先研究肩膀的角度、寬度與形狀。

下半段的軀幹包括骨盆的髖骨。骨盆的範圍可視為一個箱型,繪圖時要有側邊與前面的平面。此「箱型」的概念結構有助於在為人體繪製衣著時,具備透視的觀點。「箱型」為非寫實的造型,也不會出現在完成圖中;但是能協助你理解隱藏的結構。「箱型」在女性人體的角度稍微向後傾斜,在男性的側面會顯現垂直的骨盆。

繪製軀幹時,人體通常被畫成上、下兩個區塊,腰部則扮演轉軸的角色。雖然骨盆下半段是固定、無法轉動的,但腰部可使上半身自由活動。要從左、右、前、後四個面練習描繪軀幹,如此有助於瞭解人體構造。

對稱或動感

以下三個人體軀幹是以平視的高度繪製。對稱的人體,表現出等寬的肩膀、腰部與臀部。左圖人體有一側的肩膀較高,其姿勢是不對稱的。

骨盆箱

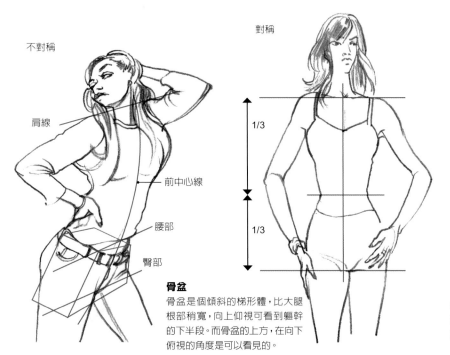

不對稱

肩線

前中心線

腰部

臀部

對稱

1/3

1/3

骨盆

骨盆是個傾斜的梯形體,比大腿根部稍寬,向上仰視可看到軀幹的下半段。而骨盆的上方,在向下俯視的角度是可以看見的。

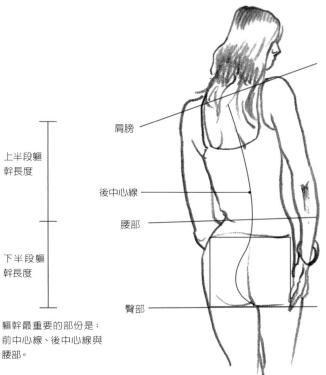

肩膀

後中心線

腰部

臀部

上半段軀幹長度

下半段軀幹長度

軀幹最重要的部份是:前中心線、後中心線與腰部。

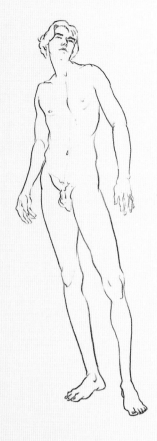

不對稱的站姿

右圖是典型的不對稱站姿,身體的重量傾向一條腿。請注意,模特兒的左肩比右肩高;臀部的角度,右側比左側高。當一側的肩膀提高時,會影響臀部的位置,而且提高的方向與肩膀相反。

脊椎/後中心線

稍微側彎的軀幹後視圖顯示出脊椎的位置。畫裸體模特兒較易看出脊椎線條。困難的是,人體隱藏在衣服之下,無法確認後中心線位置。要練習找出脊椎所在,因為標示出後中心線較易於繪製穿著衣服的人體。

裙腰比骨盆頂端略高一點。

向上仰視

本範例中的姿態,以仰視的角度繪製,腰部曲線在模特兒的左臀呈向下的弧度,同時比她的右側高,因而造成向前彎曲的形狀。既然姿勢是以仰視的角度繪製,因此骨盆的位置有助於瞭解臀部的伸展方向。

技法 13 腿 部

雙腿在服裝畫裡是很搶眼的特徵。多數服裝之所以顯得好看，就在於被穿在模特兒身上、動感十足地走台步展示時所散發出的吸引力。本章節說明，描摹重要的身體形態時，如何透過解剖學與形狀的觀察研究，畫出各種角度的腿部。當然，與身體的其他部份相同，腿在服裝畫中的比例也會被拉長與誇張化，目的是藉此彰顯服裝風格的最佳效果。

交疊的體態

本範例中，以透視縮短法的觀點，同時可見模特兒在手部與腿部交疊的表現方式。繪圖時，記得提醒自己哪些元素是較近、哪些是離得較遠的，以便畫出身體交疊時的輪廓線。

腿部結構

腿部是產生大量活動的身體部位，繪製時請先仔細觀察膝蓋及其結構。注意膝蓋的後面比前面高，描繪腿部時，要瞭解形體角度的方向性，才能正確畫出腿的曲線弧度。腿部的動態決定於膝蓋的彎曲度。直立的站姿，以膝蓋將腿部分成大腿與小腿兩部份；如果是走路的姿態，大腿與小腿的長度不同——將由觀賞者的視平線決定何者較長。

時尚感的腿部

「時尚感的腿部」的關鍵在於：繪圖時將大腿——從膝蓋以上畫得比小腿短（膝蓋以下到腳部）。這樣就能創造出美麗、優雅的線條與比例。小腿的肌肉曲線務必要畫在正確的位置；小心別把弧度畫得太高。此外，膝蓋部份的寬度也要保留足夠。腳踝是轉折點，它能表現腿與腳之間的優美造型。

行走中的姿勢

腿部的動態姿勢最難描繪。最佳方法是，先觀察自己的腿，研究哪些姿態較具美感。插圖的視覺吸引力，只要簡單地透過減少靜態、創造一個不平衡的要素，就得達到效果。因為，視覺的趣味性與設計息息相關，考量如何配置造型，永遠要相信自己的眼睛，不要受限於一連串規則。一般而言，交疊的姿勢比分開的好。總之，能擺出一個長度、寬度都平衡的姿勢是最好的。此外也別忘了，凡是正在行進中的雙腿，都會有某種程度的彎曲與誇張。

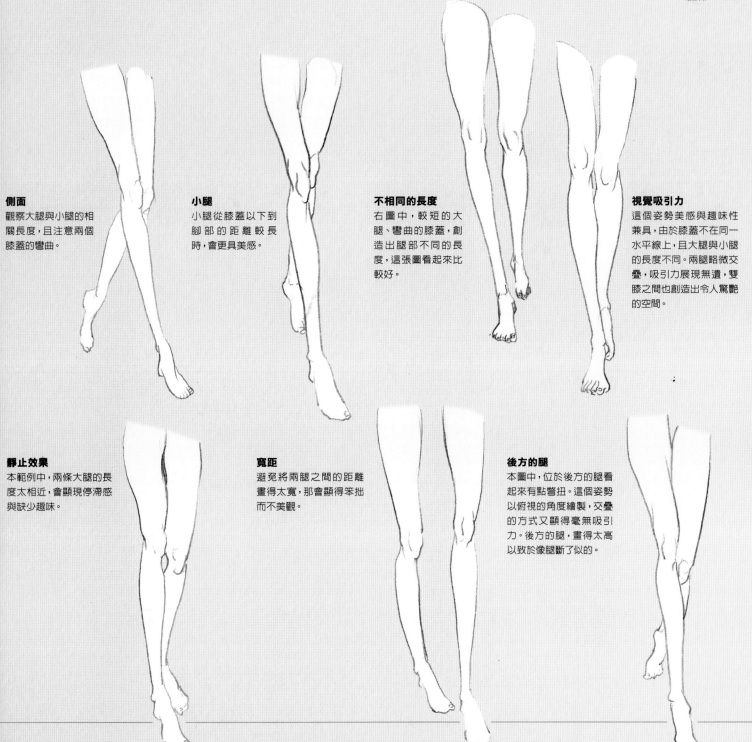

側面
觀察大腿與小腿的相關長度，且注意兩個膝蓋的彎曲。

小腿
小腿從膝蓋以下到腳部的距離較長時，會更具美感。

不相同的長度
右圖中，較短的大腿、彎曲的膝蓋，創造出腿部不同的長度，這張圖看起來比較好。

視覺吸引力
這個姿勢美感與趣味性兼具，由於膝蓋不在同一水平線上，且大腿與小腿的長度不同。兩腿略微交疊，吸引力展現無遺，雙膝之間也創造出令人驚艷的空間。

靜止效果
本範例中，兩條大腿的長度太相近，會顯現停滯感與缺少趣味。

寬距
避免將兩腿之間的距離畫得太寬，那會顯得笨拙而不美觀。

後方的腿
本圖中，位於後方的腿看起來有點彆扭。這個姿勢以俯視的角度繪製，交疊的方式又顯得毫無吸引力。後方的腿，畫得太高以致於像腿斷了似的。

技法 14 手臂

當描繪服裝人物的手臂時，必須確認長度是正確的。如果手臂太短，衣服會顯得不合身。通常當手臂在身側自然垂直放下、手肘沒有任何彎曲時，長度可及大腿中央。

繪製手臂

要把手臂畫好，瞭解造型的透視縮短法是基本概念。手臂的許多動作與角度都會出現彎曲——也就是上、下手臂交疊的情形。透視縮短後的手臂會比筆直垂於身側的手臂來得寬。觀察手肘的位置，並注意內側手臂會高於外側的手肘。尋求手臂角度的方向，繪圖之前需先確定手肘處是處於彎曲、或是筆直垂放的姿勢。仔細練習手臂的描繪，將可大幅提升服裝畫的品質。

伸展手臂
如圖所見，兩隻手臂的角度，顯示出描繪這個姿勢的難度與複雜度。記得，以流暢的弧度畫出角度的指向。雖然，人體結構上有許多複雜的曲線，但最重要的是要表現包括腿部在內的肢體曲線弧度，它們各有不同的指向，且略有交疊。

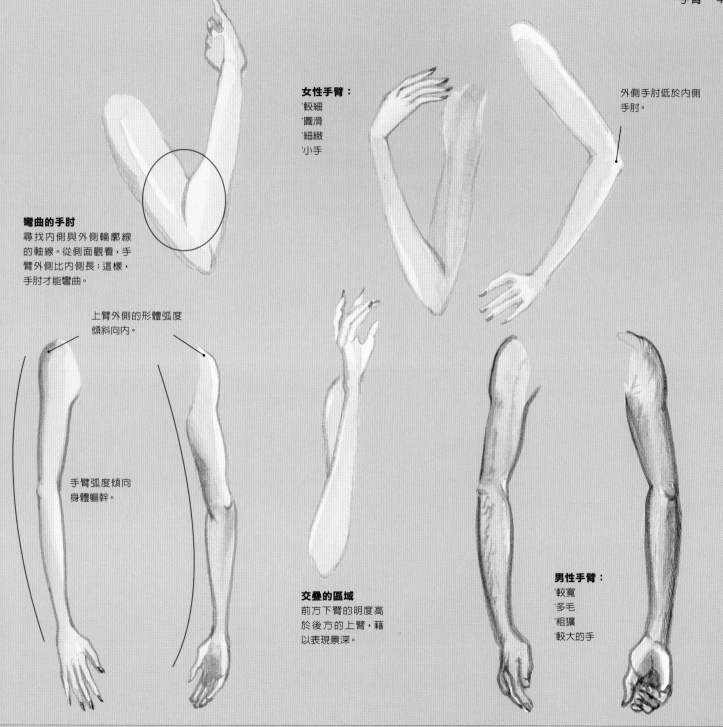

女性手臂：
·較細
·圓滑
·細緻
·小手

外側手肘低於內側
手肘。

彎曲的手肘
尋找內側與外側輪廓線
的軸線。從側面觀看，手
臂外側比內側長；這樣，
手肘才能彎曲。

上臂外側的形體弧度
傾斜向內。

手臂弧度傾向
身體軀幹。

交疊的區域
前方下臂的明度高
於後方的上臂，藉
以表現景深。

男性手臂：
·較寬
·多毛
·粗獷
·較大的手

▭➛ **下一頁** 有手與腳的介紹

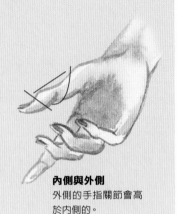

技 法

15 手與腳

服裝畫中的手應該修長，手指呈錐形；所有的線條皆須平滑且連續。手部通常會放在臀部附近或垂放於身體兩側。模特兒大多會穿著高跟鞋，以表現足弓的曲線。

內側與外側
外側的手指關節會高於內側的。

手的描繪

　　優秀的手部繪圖有賴於仔細觀察手部細節，以及瞭解重要部位；包括：手腕的轉折區、可動關節的位置等。下筆時，逐步從手臂、手腕、延伸至手部而描繪。仔細考量手部的比例與動作，須與人體的整體比例趨於一致。以透視法描繪交疊的手指繁複造型，是表現立體感的最佳作法。

　　尋找手指間的縫隙、背景，會有助於描繪其形狀。也要請注意，手指外側的長度長於內側，如此，才能有彎曲的動作。

性別差異

　　在繪製男性、女性的手部姿勢時，其性別差異包括：男性的手較大且有稜有角（與身體軀幹相同，參考40頁）。男性的手指頭較方正、厚實，而女性的則較纖細且呈錐狀。

女性手部
女性手部有纖細的手指以及錐狀的指尖。

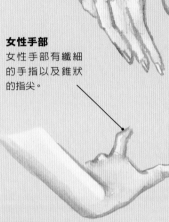

男性手部

手腕骨
要表現出手臂內側的骨頭。

明度對比
繪圖時將側邊與內側的明度加深，指頭上方較明亮。

背景空間
觀察每個指頭之間的縫隙來確定手部的動作。

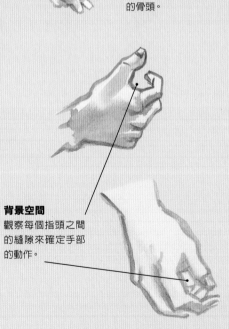

細節
描繪手部時，可加上戒指或指甲油等細節，才不會看起來像手套。

繪製腿部

服裝畫的腿部是修長而苗條的。描寫腿部的關鍵在於：注意哪裡是腿部長度的終點與腳部的起始處，並畫出優美的腳踝曲線。腳部的形狀為四邊形，其細節為腳趾。仔細觀察腳踝與腳部交疊時的形狀，描繪整體的優美曲線弧度、角度時，要從大腿、小腿流暢地延伸到腳踝與腳部。觀察腿部長度的終點、腳弓弧線，同時也要分辨腳踝骨的內側與外側何者較高。

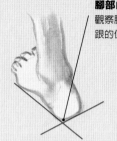

腳部的角度
觀察腳部的指向來決定腳跟的位置。

陰影
利用陰影的變化描繪腳底與腳部的形狀。腳背上方的顏色比側邊淺。

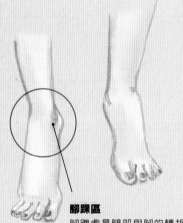

腳踝區
腳踝處是腿部與腳的轉折面。注意該區塊的變化，以交疊的輪廓線及色彩來描寫腳部。

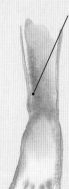

陰影
利用陰影變化描繪腳底與腳部的形狀。腳部上方的顏色比側邊淺。

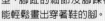

軸線
腳部上方的內凹弧度與腳底的相似。

鞋與腳
服裝畫中穿著細帶的涼鞋，鞋子與腳部都要仔細描繪。如果能瞭解腳型、腳趾的細節及腳踝構造時，便能輕鬆畫出穿著鞋的腳。

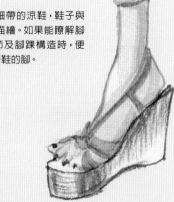

▭ **下一頁** 有人體速寫的介紹

技 法

16 人體速寫

使用比例輔助線，比較容易完成服裝畫人體速寫（基本的，8頭身服裝畫人體）。在完成輔助線的紙張上方，覆蓋描圖紙以描繪正確比例的人體姿勢。輔助線的比例長度可為8頭身、9頭身或10頭身，完全視個人需求而定。輔助線以一個頭的長度為基準單位（譯註：稱為「1頭身」），以此衡量模特兒的整體高度。腰部位於3頭身的位置，膝蓋為6頭身、腳底為9頭身。根據這個原則，服裝畫的人體可分為三等份。

頭身法則

右圖中的灰色尺規邊界顯示出如何以頭身長度區分人體部位。

比例輔助線

右圖說明繪製人體時需特別注意的人體關鍵部位。

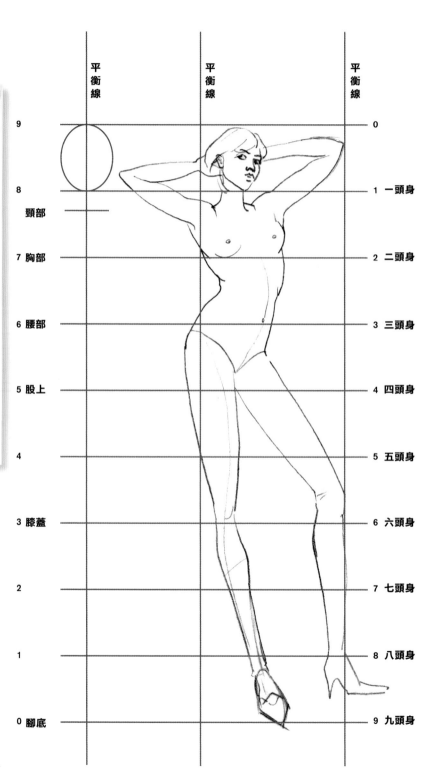

從草稿到完成圖

　　藉由以下的個案研究，說明從人體、草圖到著裝完成圖的繪製過程。首先，找出要繪製的人體姿勢之參考資料，範例中的模特兒姿勢取材自雜誌中的圖片。使用有比例輔助線的描圖紙，重新依照比例畫出服裝畫人體。完成人體的描繪之後，上方再覆蓋第二張描圖紙，根據人體底圖繪製模特兒穿著的服裝。等以上的定案草圖轉換為完稿時，將完稿用紙、定案草圖依序放在燈箱上，藉著透光的效果描繪完稿線條並著色即可。

1 修飾人體線條，並繪製速寫的姿勢。此階段請勿在人體上畫出服裝：因為等人體描繪完成後，還要根據此人體原型來設計不同的服裝。

2 在人體速寫上畫出衣服。

3 以選定的媒材、色彩，在完稿紙上將速寫線條轉為繪圖，逐步完成描繪並上色。

▭▷ **下一頁** 有更多人體速寫的介紹

姿勢的重要性

　　時裝人物的姿態必須搭配所要展現的服裝。右圖是1950年代風格的洋裝款式。請注意人物的姿態流露出賣弄風情的意味，髮型則為典型的1950年代風格。

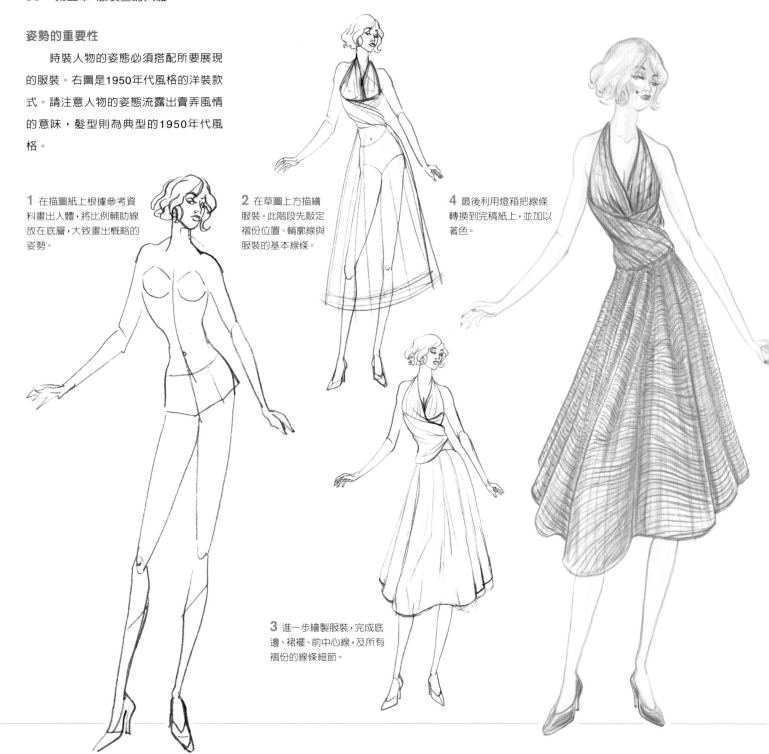

1 在描圖紙上根據參考資料畫出人體，將比例輔助線放在底層，大致畫出概略的姿勢。

2 在草圖上方描繪服裝。此階段先敲定褶份位置、輪廓線與服裝的基本線條。

4 最後利用燈箱把線條轉換到完稿紙上，並加以著色。

3 進一步繪製服裝，完成底邊、裙襬、前中心線，及所有褶份的線條細節。

相同姿勢的變化

設計出一個姿勢之後，可應用在多張服裝畫中。本範例中，有兩張完稿的服裝畫，其中之一是模特兒雙手插在腰上，另一個則是一手於身側垂下。注意兩個模特兒表情與氛圍的差異，雖然動作上只有些微差別，但是，兩者人體表現卻截然不同。

頭部
在人體上很容易改變頭部與髮型。

手臂
此姿勢的簡略正面圖，可看出兩者左手臂的不同動作。

速寫
相同的主要姿勢與人體，可變化出兩種不同版本的草圖。在此可看出兩者相異的頭部、身體與雙腿的關係、以及擺法不同的左手臂與手。

 下一頁 有更多人體介紹

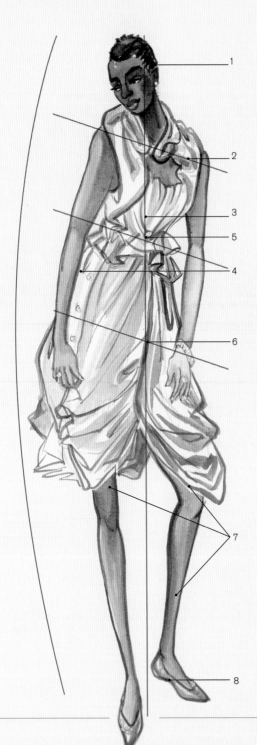

身形體態

人體所能擺出的姿勢有無限可能。建構姿勢的要領乃是：瞭解人體結構區域，如此就能充滿自信地下筆描繪人體。

身體動感與動作

　　觀察臀部是如何伸展之重要性，遠大於身體其他部位的姿勢。身體的動感方向會決定人體動作上，由何處先著手進行繪圖。如果先畫出伸展的臀部，便可誇張它的線條，同時依此來確定其他部位的寬度。如此，便能快速的表現服裝畫，更能把握正確的比例。

1. 頭部角度
觀察模特兒是否低頭，再根據頭頂的傾斜方向來決定角度。

2. 肩膀的關聯
觀察雙肩的角度，再確定何者較高。

3. 身體的平衡線
觀察頸部底端與支撐身體重量的腳跟之連線，據此決定身體如何保持平衡。

4. 臀部的伸展
通常服裝畫會誇張臀部伸展方向的該側人體，之後身體其他部份便以此為基準點進行繪製。

5. 腰部/腿部的關聯
身體的重量落在模特兒的右腿上且膝蓋沒有彎曲，所以腰部的動作方向是相同的。

6. 臀部/腿部的關聯
臀部的伸展角度通常是由腿部決定，所以要觀察哪一隻腿是在膝蓋處彎曲，而哪一隻腿是直立。一般的情況下，直立腿之該側臀部會較高。

7. 腿部角度的指向
腿部是斜線伸展呢？還是站直的？當臀部有伸展時，如同本範例，支撐重量的腿會斜線伸展以便平衡身體的動作。

8. 腳部角度
觀察底部的鞋子，來決定腳部的角度方向。

關鍵性的身體結構區域
左圖範例中說明，繪製人體時需要考量的關鍵性的身體結構區域。

裙襬弧度

速記法則，切記：

俯視時＝裙襬呈微笑曲線

仰視時＝裙襬為反微笑曲線

視平線

　　從下往上仰視的姿勢，裙襬會在兩側下垂。繪製人體姿勢時，要考量眼睛的觀察角度，才能正確地描繪出服裝元素與服裝圍繞身體的曲線。採視平線觀察時，裙襬曲線與領圍線的弧度比較平滑。本姿勢中，裙襬的弧度與角度會隨著伸展的臀度而彎曲，臀部推聳較高的一側，裙襬也比較高。

裙襬幅度隨臀部伸展

本範例說明，以視平線觀察臀部伸展方向的裙襬繪製。裙襬在模特兒的左方較高，符合支撐重量的腿部與骨盆伸展的指向。

反微笑曲線的裙襬

觀察本圖外套下襬，就能瞭解眼睛觀看的角度，如何影響裙襬的弧度，更能明瞭外套前後片的差異，以及為何整個橢圓的下襬會於兩側下彎。

下一頁　有更多人體介紹

誇張手法

　　我們所描繪的人體姿勢,可經由誇張手法表達得更淋漓盡致。要領在於瞭解甚麼部份可以大膽、如何誇張,以及極限在哪裡。思考如何掌控人體姿勢,藉以表達更多的情感,必須明瞭身體何處能彎曲或伸展;這些位置包括人體連接處與活動的關節,例如,頸部是頭部與軀幹的連接處,這就是傳遞表情的

位置。肩膀可以向上或向下伸展,雙肩則是能誇張身體姿勢的主要部份。連接軀幹上半身與骨盆的腰部,最能強調身體姿勢的轉動,以及正面、側面與背面的彎曲。腿部能支撐身體的平衡,因此也是可以操控的部位。

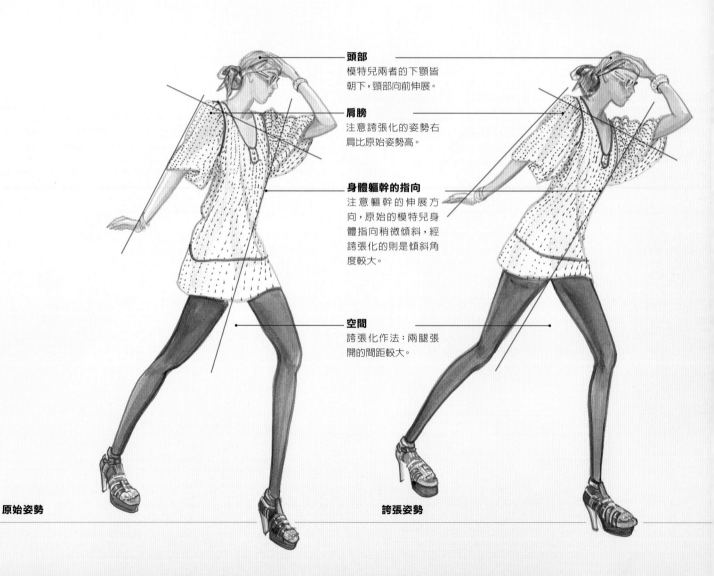

頭部
模特兒兩者的下顎皆朝下,頸部向前伸展。

肩膀
注意誇張化的姿勢右肩比原始姿勢高。

身體軀幹的指向
注意軀幹的伸展方向,原始的模特兒身體指向稍微傾斜,經誇張化的則是傾斜角度較大。

空間
誇張化作法:兩腿張開的間距較大。

原始姿勢　　　　　　　　　　誇張姿勢

尋找身體

　　當衣服遮蔽了身體的大部份、只露出少部份時，必須界定模特兒的前中心線、腰線與其他被「隱藏」的身體部位。如能確定骨盆與人體的主要角度，就更容易瞭解隱藏於衣服之下的人體姿勢。並非所有的姿勢都看得見所有的線條與連接處，尋找一個主要的連接處或兩個連接處之間的關係，就足以幫助自己繼續繪圖並確立模特兒的姿勢。

前中心線
本範例的前中心線，決定於頸部交疊的領口與其V字前襟。在裸體模特兒上，頸部前中心的凹陷處為前中心線的起始點。

骨盆箱
觀察衣服垂掛在身體的方式，就能發現臀部的傾斜，即可繪製該姿勢。

肩線
透過觀察毛線外衣在肩膀的弧度，連結肩膀兩側的曲線即是肩線的指向。

背景空間
觀察手臂與臀部間的背景空間，即可發現臀部是傾斜的。

身體的平衡線
可由領圍線與支撐身體重量的腳來決定。

腿部
實際上觀察該姿勢，一隻腿在膝蓋處彎曲，另一隻為直立的。通常暗示臀部在直立腿之處較高，而彎曲膝蓋的那一側較低。

服裝之下的人體

本例說明，要確定服裝下的人體有其困難，特別是穿著厚重外衣的模特兒。在厚重毛衣外套之下，只露出一點大腿與褲子的部份，是表現身體姿勢的暗示，這個訊息說明模特兒有一隻腿膝蓋彎曲，另一隻腿直立。另一個暗示是──直立的腿與彎曲的膝蓋會影響臀部位置的變化，臀部伸展至一側而肩膀會因此更為傾斜。頸部的中心底端與腳跟呈直線，為姿勢與身體的平衡軸。由於無法看見身體軀幹，所以透過觀察左側手臂與側面的背景空間，來解讀隱藏的軀幹位置。身體的姿勢永遠有線索可循、可助你完成著裝人體的描繪。

互動的曲線

人體造型是由S形曲線、後傾的S形曲線、與C形曲線交互聯結組成的。採站姿的裸體模特兒即印證了這項觀察,就連包括獨立的身體部位——腿與手臂也是如此。要繪製出更具動感的人體,通常會誇大S形曲線,而最佳的方法則是「延續線條」。繪製曲線的組合時,先想像有一條貫穿身體中心線,然後確定這條線的方向,如果是曲線的組合,這條假想的中心線就該是曲線而非直線。

繪製曲線

想完成更流暢、美麗的人體造型,得先從研究單一造型的曲線方向開始,進而觀察該造型的指向,然後畫出該單邊曲線的角度走向。要確定該曲線的指向何方之前,先觀察該造型的主要方向,而後試著畫畫看,以便決定哪個方向是正確的。

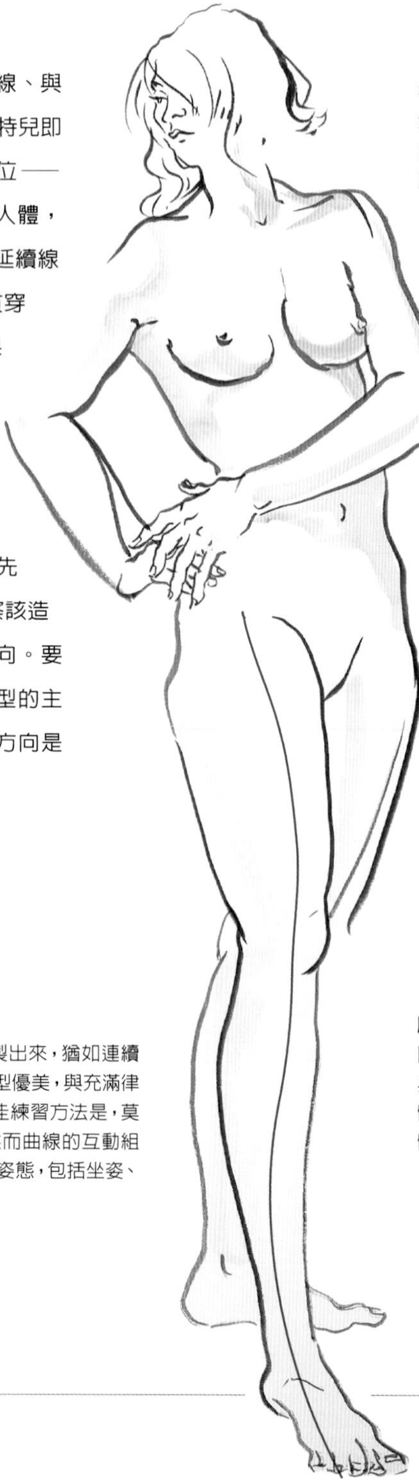

線條的流動

將人體從頭頂到腳底的線條繪製出來,猶如連續的流動線條,如此有助於畫出造型優美,與充滿律動感的線條。「延續線條」的最佳練習方法是,莫過於繪製裸體模特兒的站姿;然而曲線的互動組合與線條流動感,則需練習各種姿態,包括坐姿、站姿與著裝的人體。

裸體與著裝的人體

範例中,兩者皆表現出曲線與流暢的線條組合,即使是身體大部份被隱藏的著裝人體。

腿部曲線

圖中的線條是最佳範例,說明身體造型如何互動,部份的身體造型曲線如何構成全身之整體感。

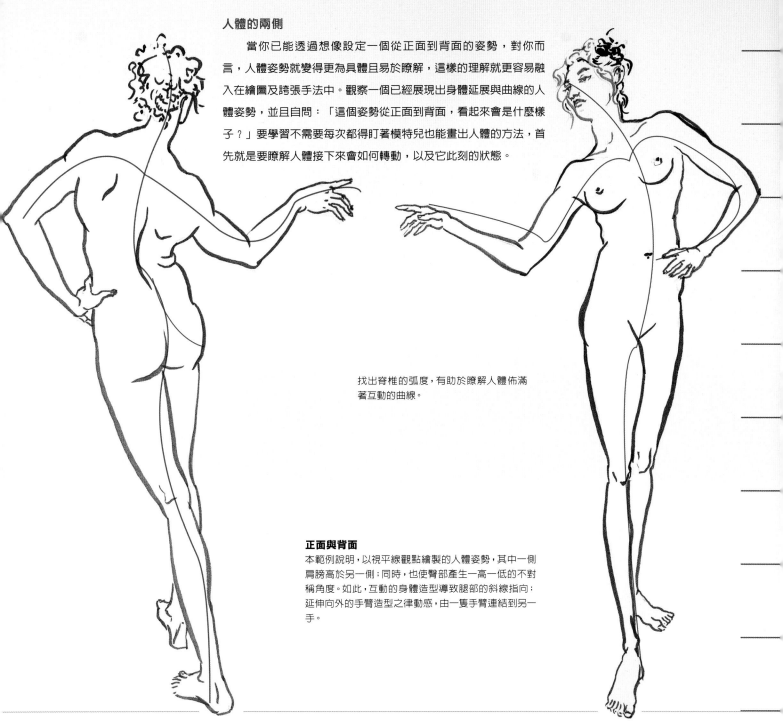

人體的兩側

　　當你已能透過想像設定一個從正面到背面的姿勢，對你而言，人體姿勢就變得更為具體且易於瞭解，這樣的理解就更容易融入在繪圖及誇張手法中。觀察一個已經展現出身體延展與曲線的人體姿勢，並且自問：「這個姿勢從正面到背面，看起來會是什麼樣子？」要學習不需要每次都得盯著模特兒也能畫出人體的方法，首先就是要瞭解人體接下來會如何轉動，以及它此刻的狀態。

找出脊椎的弧度，有助於瞭解人體佈滿著互動的曲線。

正面與背面

本範例說明，以視平線觀點繪製的人體姿勢，其中一側肩膀高於另一側；同時，也使臀部產生一高一低的不對稱角度。如此，互動的身體造型導致腿部的斜線指向；延伸向外的手臂造型之律動感，由一隻手臂連結到另一手。

下一頁　有更多著裝的人體介紹

技法 18 著裝的人體

服裝畫繪圖時，人體與姿勢需要明確地建構。先從裸體開始，對裸體有所瞭解之後，再進行著裝模特兒的繪製。這是一個能成功表現幻想形式與插畫深度的好方法。

將人體深植腦海

　　衣服會遮掩且混淆人體，在描繪服裝時很容易忘記隱藏在服裝下的人體，有許多方法可避免陷入這類的視覺迷陣。接下來的介紹，將幫助讀者瞭解：如何以立體而非平面的觀點來觀察服裝。服裝的量體，加上具說服力的衣服造型，能強化深度、空間感與完整性，同時也能在身體上增加悅目的體積。要記得，人體是服裝畫的主要架構，而衣服是放置在此架構之上。要增進服裝畫的繪圖能力很容易，只要能畫出合宜的服裝在「紮實」的人體上即可。

比較著裝與裸體的人體
請注意，明瞭人體繪圖的知識是非常重要，能幫助你畫出著裝的模特兒。衣服通常會遮蔽身體的前中心線、腰部與臀部的延伸，所以要用「透視」身體的方式來設計服裝，才能表達整體且具說服力的造型。

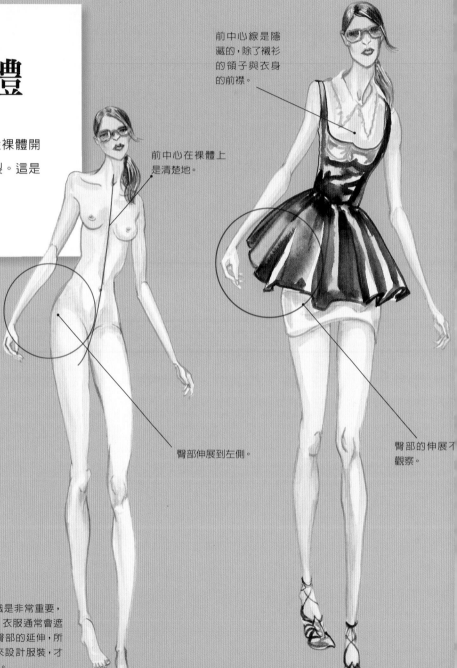

前中心線是隱藏的，除了襯衫的領子與衣身的前襟。

前中心在裸體上是清楚地。

臀部伸展到左側。

臀部的伸展不觀察。

姿勢
姿勢的角度在裸體上清
晰可見。這個姿勢顯示出
臀部伸展至身體一側的
樣貌。

頭髮與領子
頸部被頭髮與領子覆蓋，因此，
脖子的比例須稍做調整，以強調
衣服的美感。

3D服裝

　　在人體上描繪服裝的思考方式，是把服裝
想像成是3D的立體造型。這是極易達成的方
法，當你認知到，服裝可不像一張平面刺青貼
紙似的，把衣服「畫」在身體上。身穿裙裝的
模特兒，她的身體角度會影響裙襬幅度；模特
兒彎曲手臂把手部放在臀部時，夾克的袖子會
出現褶份。如果頭髮遮住頸部，注意頭髮的長
度以及因頭部傾斜而產生的斜度，千萬別讓衣
服「破壞」內部的姿勢與身體。在研究繪圖的
過程中，將會看見若干圖層，第一層是人體，
第二層是衣服圍裹包覆著身體。

臀部角度
臀部隱藏在衣服之下，因
此，繪製下襬時，洋裝或
裙子的下襬要符合臀部伸
展的角度。

腳部
由於鞋子會影響人體高
度、改變腳部的角度，繪
圖時請注意如何安排腳底
的位置。

▭⇨ 下一頁　有更多著裝的人體介紹

背面

　　透過明度對比與衣服的弧度線呈現，人體姿勢的後視圖可以表現服裝背面的設計。身體的形態會有所改變，背部的上半段與下半段，以及骨盆的上半段、下半段，都會產生不同變化。如果背部上半段的明度高於下半段，背面造型則較具深度感。服裝的曲線會沿著肩線、腰線與臀圍線條而產生變化。

洋裝的肩帶
依照雙肩的互動關係與背部上半身的造型來描繪曲線弧度。

洋裝的調整
順著骨盆的造型，人體左側的臀部較高。

右腿
距離觀賞者較遠的腿部，描繪時須加深明度，以表現深度感。

後視點
脊椎在裸體上清晰可見，而著裝人體的後中心線就不那麼明顯了。繪圖時，要隨時記住人體各區塊的位置，這將使你在繪圖時更有邊界的概念、更具說服力，就連繪製著裝的後視圖也難不倒。

襪子
沿著腿部曲線繪製橫條紋，在彎曲的兩膝加深曲線。

腳與鞋
範例中的左腳，在裸體上是腳著地的，而著裝人體則是穿上高跟鞋。雖然兩者其餘部份有著相同的姿勢，但腳部的繪製方式卻不相同。

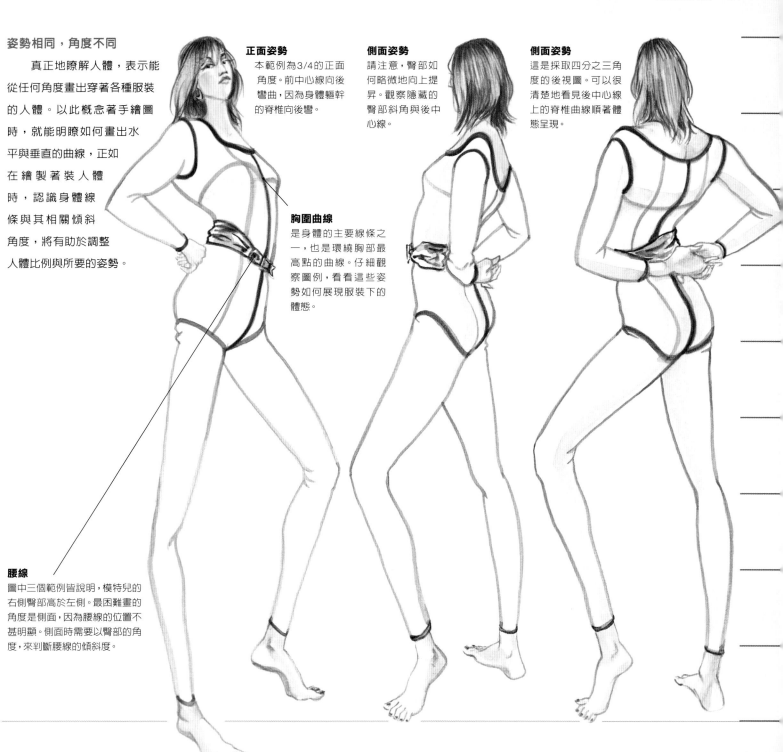

姿勢相同，角度不同

　　真正地瞭解人體，表示能從任何角度畫出穿著各種服裝的人體。以此概念著手繪圖時，就能明瞭如何畫出水平與垂直的曲線，正如在繪製著裝人體時，認識身體線條與其相關傾斜角度，將有助於調整人體比例與所要的姿勢。

正面姿勢
本範例為3/4的正面角度。前中心線向後彎曲，因為身體軀幹的脊椎向後彎。

側面姿勢
請注意，臀部如何略微地向上提昇。觀察隱藏的臀部斜角與後中心線。

側面姿勢
這是採取四分之三角度的後視圖。可以很清楚地看見後中心線上的脊椎曲線順著體態呈現。

胸圍曲線
是身體的主要線條之一，也是環繞胸部最高點的曲線。仔細觀察圖例，看看這些姿勢如何展現服裝下的體態。

腰線
圖中三個範例皆說明，模特兒的右側臀部高於左側。最困難畫的角度是側面，因為腰線的位置不甚明顯。側面時需要以臀部的角度，來判斷腰線的傾斜度。

技法

頭部的繪製

在繪製頭部的時候，請設定這只是描繪「某個人」的起步階段。若能捕捉到對那位特定人士的「情感」，勢必能創意無限、且充分表現在畫中。

皮相之下

你需要突破表象、深入皮相之下觀看每一張所畫的臉孔。試想：如果要用兩個字形容一個人，你會用甚麼獨特的言詞？

技法上的考量

開始描繪臉部之前，先從自己的視點（point of view）觀察模特兒的姿態，然後決定眼部水平線的位置。如果模特兒採直立站姿、頭部沒有任何傾斜的話，那麼就可以看見五官略呈曲線地、在頭部表面各就其位。從正面觀察，想像著連結五官的線條，可以發現它就像是有弧度的微笑曲線。若由上往下俯視模特兒頭部，則可看到臉部五官仍依循頭部曲線各就各位，只是角度更大。如果模特兒所在位置比你高，你的視線較低，以仰角觀看模特兒頭部可發現：臉部五官的連接線呈反微笑線分佈。頭部是圓弧狀的，所以臉部五官是建立在具弧度的基本型體上。

首先要確立視點，將臉部視為近似球體之頭部的一部份，決定空間、曲線，及五官在整個頭部的交互關係和比例。請參考次頁的幾張插圖，就能瞭解整個過程。

捕捉神韻
本圖是表現模特兒「神韻」的例子。運用知識與直覺去表達人物的情緒與特質，將目標鎖定在超越「畫得像」的更高境界。

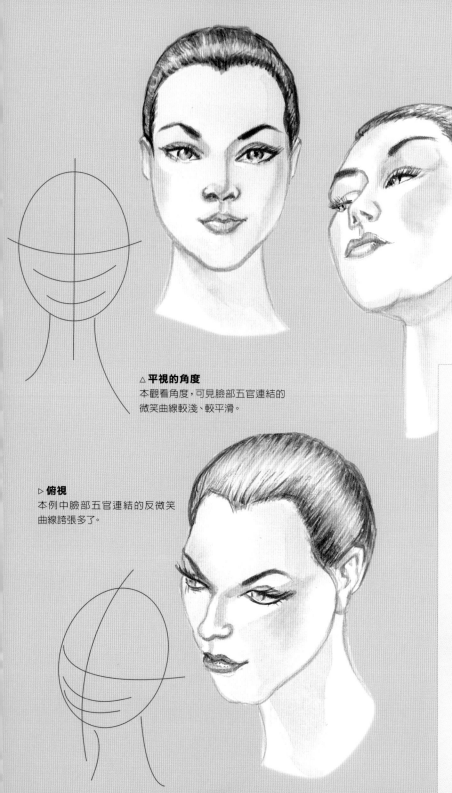

△ **仰視**
向上仰視時，臉部五官連結的線條為反微笑曲線。

△ **平視的角度**
本觀看角度，可見臉部五官連結的微笑曲線較淺、較平滑。

▷ **俯視**
本例中臉部五官連結的反微笑曲線誇張多了。

頭部側面

▷ **向外的弧度**
對時裝來說，這樣的側臉比較迷人，頸子是修長的，在下巴處急遽後縮，表現出頸部與下巴細微精巧的弧度。

▷ **誇張的弧度**
這樣的側面不太吸引人，下巴弧度過於鬆垮。

▷ **半月形**
這種下巴前凸、額頭後凹的側面是最不討好的一種。

男性與女性的臉部

　　男、女性五官以同樣的方式在臉上分佈，臉上每個部位的結構看起來也都相似。男性的下顎線條通常較為突出且呈方型，眉毛也比較粗。女性的臉型較圓潤，而男性的臉則比較有稜有角。以上為線條部份的一般性原則，並非不變的鐵律。每一張臉都是獨特的，因此，要多觀察不同的範例，儘可能地探索那些非傳統的特質。有個為人熟知"jolie　laide"（法國時尚界對美醜的定義）的概念，其基礎就是：看見一張具有非傳統美感，或許不見得漂亮，但仍保有自身獨特風格的和諧或魅力的臉孔。(編按：法文jolie是美麗，laide是自信之意。）

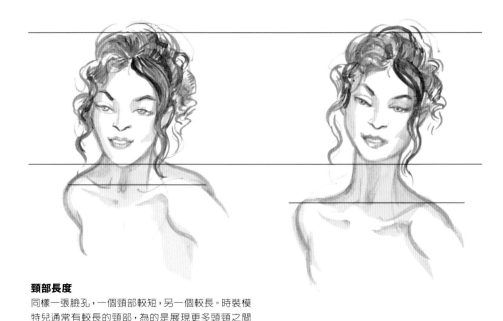

頸部長度
同樣一張臉孔，一個頸部較短，另一個較長。時裝模特兒通常有較長的頸部，為的是展現更多頭頸之間優雅、綽約的曲線和角度。

男性與女性相同的部份
• 眼睛的高度
• 鼻子的位置
• 嘴唇的位置

女性的頭部
• 較平滑的臉型與五官
• 較細的眉毛
• 較細緻的頸部與內凹的弧度
• 圓潤的下巴（頷）

男性頭部
• 有稜有角的臉部與五官
• 較粗的眉毛
• 直筒狀的頸部
• 方型下巴

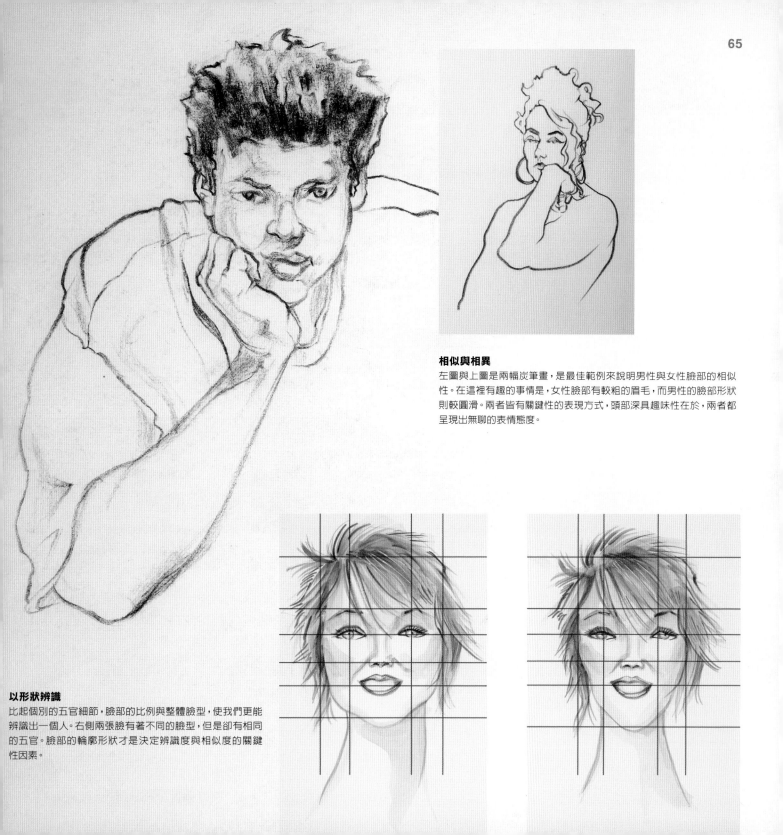

相似與相異

左圖與上圖是兩幅炭筆畫，是最佳範例來說明男性與女性臉部的相似性。在這裡有趣的事情是，女性臉部有較粗的眉毛，而男性的臉部形狀則較圓滑。兩者皆有關鍵性的表現方式，頭部深具趣味性在於，兩者都呈現出無聊的表情態度。

以形狀辨識

比起個別的五官細節，臉部的比例與整體臉型，使我們更能辨識出一個人。右側兩張臉有著不同的臉型，但是卻有相同的五官。臉部的輪廓形狀才是決定辨識度與相似度的關鍵性因素。

技法 20 皮膚

服裝畫中的皮膚色調可以有多樣性的選擇，同時也是頭部與臉部最有趣的著色之一。皮膚有著明亮發光的特質，可表達臉部個性與容光煥發的色彩。無論膚色為何，每一張臉都有明亮發光的特質，如果能夠成功地予以掌握，對服裝畫作品具有畫龍點睛的加乘作用。

膚色

　　觀察並使用高明度與低明度的顏色來繪製膚色，加入非寫實的副色以達到增艷的效果。許多優異的服裝畫，在於能表現獨有的情感氛圍，而非如影印機般的抄襲照片上的膚色。

1 將整張臉塗滿背景色與明度，只有眼白部份保留了白紙的原色。

臉部的平面形狀

　　要呈現臉部造形時，得先找出表現兩種主要明度的方法：一是亮面，另一則是陰影。觀察與描繪這些形狀，簡化臉部的平面區塊；例如，眼窩是深色的，沿著一側的鼻子也一樣；脖子是深色的，可採用二色或多色以上的明度來描繪。

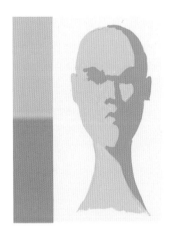

△ 曲線
本圖中的明暗效果呈現出曲線的形狀與明亮的膚色。

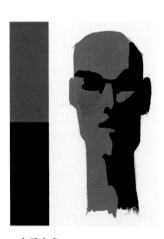

△ 有稜有角
本圖以明暗效果顯示出稜角的形狀與深膚色。

2 使用第二種（較深的）顏色與明度，在臉部、頸部的側邊著色，創造出陰影形狀，以表現臉部造形。第二種較深的顏色，同樣也用於描繪嘴唇、頭髮與眼窩。

3 加入包括臉部輪廓、點狀鬍渣與質感等多細節，使用白色顏料在嘴唇、鼻子以及臉較高的區塊作出亮面效果。

非寫實色彩

　　使用非寫實的色彩，是一種畫出充滿奇想之服裝畫的有趣方法。既然臉部的特質是在繪圖中被建構而成的，那麼，你大可在臉部使用創意獨具的色彩。膚色、頭髮及其他部份，在繪圖時都可使用令人驚喜的顏色，來表現獨特的情感氛圍，而非拍照似的寫實呈現。

非傳統的

這張插畫以綠色描繪臉部，並加入金色與橘色達到增艷效果。頭髮塗上褐色，模特兒能夠表現出獨具風格的特質，訣竅多半來自於非傳統色彩的運用。打亮的效果，使得臉部的平面形狀清晰可見。

技法 21 五官

構成臉部的各個五官,它們的位置與描繪方式,可依循某些法則來決定。一旦瞭解這些法則後,你就能自由自在地創造繪製臉部的無限可能。

配置五官

- 鼻子位於眼睛與嘴唇之間,位在臉部下半段的1/3處。

- 介於眼睛與鼻子之間的空間,比鼻子到嘴唇之間來得寬。

- 眼睛位於整個頭部長度1/2的位置,略呈弧形地環繞頭部。

臉部與五官的構成

觀察眼睛、鼻子與嘴唇之間的空間。檢測嘴唇與下巴間的距離。繪製臉部時,研究各個部位的比例是基本動作。眼睛與鼻子間的距離多於鼻子與嘴唇之間。通常會先畫出臉部的中心線,而後所有的五官依序排放。

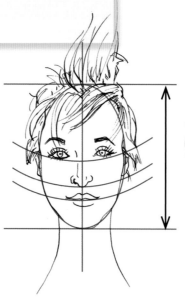

1 臉部基本結構的輪廓線

2 用鉛筆描繪基本輪廓線,在臉部主要的區域著色,包括:眼窩、臉頰與頸部。本圖是以水彩著色,運用「溼式渲染」技法上色。

3 描繪第二層顏色,亦即是完成臉部的化妝。本圖以水彩著色,而頭髮以沾較乾的水彩顏料的筆觸描畫。

眼睛

　　雙眼，通常是觀看一個人的時候，最先看到的部位。繪圖時，要把眼睛畫得明亮與閃耀 —— 眼睛是溼潤的表面，所以必須顯得光亮水潤。完成眼睛的上色之後，再用白色膠水筆或一滴不透明的水粉顏料，在眼睛虹膜處加上亮點。

　　虹膜是橢圓形的，有眼皮交疊形成兩處白色的三角形 —— 也就是所謂的「眼白」。如果仔細觀察此區域，比較何者較大，就能瞭解眼睛的設計。從正面再次觀看眼角內、外側的軸線，就能決定繪圖時眼睛的傾斜度。

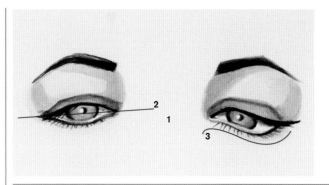

1. 兩眼間的距離
兩眼間的距離必須比一隻眼睛的長度更寬些，以營造「夢幻般的時尚感」。

2. 軸線方向
從正面平視，則能觀看內、外側眼角間的軸線角度。本範例中，外側眼角低於內側眼角。

3. 曲線弧度
眼睛是S形曲線。請注意單隻眼睛，觀察曲線如何組合，以及如何在輪廓處彎曲。

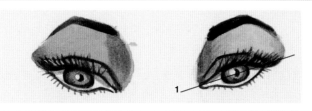

1. 軸線方向
本範例的內側眼角低於外側眼角。

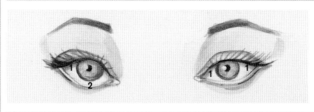

1. 描繪陰影
在上眼皮處描繪陰影，以加強立體感。

2. 時尚感的眼睛
本範例說明，「夢幻般的」眼睛 —— 效果來自於眼珠下方較多的留白。

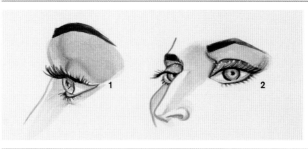

1. 側面
本範例說明，下眼瞼的寬度與厚度，以及虹膜的橢圓形狀。

2. 3/4側面
從這個角度看，鼻子與眼睛有交疊，兩眼間保留一隻眼睛的長度，以便保留空間描繪鼻樑。

1. 眼睛的顏色
每隻眼睛閃亮、反射的顏色都有不同質感。褐色眼睛可用金色、褐色。綠色眼睛可用綠色、金色、藍/綠色的；眼珠外側的顏色要深於內側。

2. 水彩渲染
以水彩「溼式渲染」技法來描寫眼睛，讓顏料在水漬中渲染著色，再運用鉛筆畫出眼睛的完成線。

3. 眼白
注意眼白的形狀，並小心描繪，通常眼白會是三角形的。

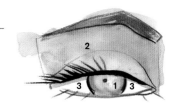
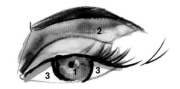

耳

　　耳朵從側面觀看時是，旋渦狀、向後貼近頭部的傾斜角度。練習畫耳朵的曲線，及其在不同觀點時交疊的弧度。耳朵的背面畫時特別有趣，因為能描繪它優雅的線條，且外框線在背面時是向前彎曲的。

鼻

　　觀察時要注意觀賞者視角的位置，以便決定鼻子的形狀與輪廓。鼻子是複雜的造型，有一個中心、兩個側面的平面形狀構成，鼻尖有小球型與兩側的鼻翼。畫鼻子的側面時，鼻尖與一側的鼻翼會交疊。仰視時，鼻翼的角度較明顯，避免只用簡單的小圓點畫出鼻翼。

嘴

　　先畫出中心線，唇瓣是互相交疊的形狀。嘴唇中心有唇形曲線，上唇唇尖在最上方，不笑的唇型比微笑的更具豐厚感。在開始描繪上、下唇型之前，先檢測自己的視點，再描繪嘴唇形狀。

臉部的個性化

請注意在全身繪圖時，臉部只有在表達情感，或有需要時才是焦點所在。把臉部當成主要的呈現焦點時，會傳遞出「模特兒在思考」的訊息。繪製全身模特兒時，本技巧是創造傑出作品的基本要素。然而，相對於這個目前廣受歡迎的畫風，若在描繪全身圖時，唯獨將臉部留白、不加以描繪，則是一個錯誤，因為描繪出人物臉部，可讓觀者有機會看出你作品的深度。

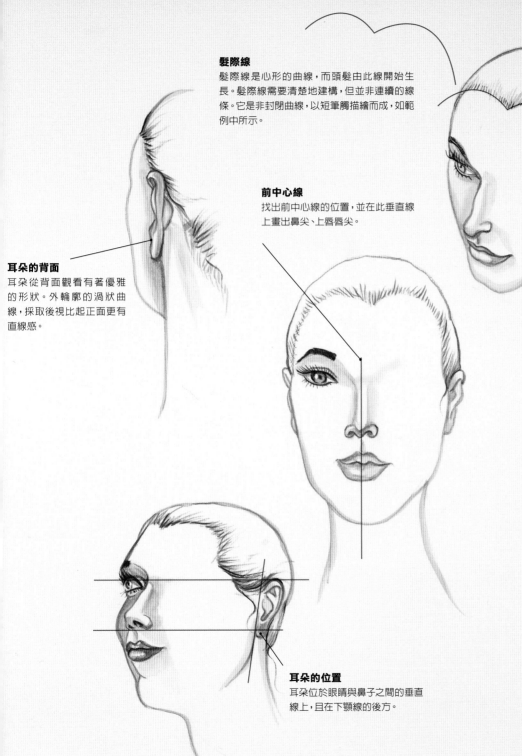

髮際線

髮際線是心形的曲線，而頭髮由此線開始生長。髮際線需要清楚地建構，但並非連續的線條。它是非封閉曲線，以短筆觸描繪而成，如範例中所示。

髮際線

在頭部上方，髮際線為心形的線條。

前中心線

找出前中心線的位置，並在此垂直線上畫出鼻尖、上唇唇尖。

耳朵的背面

耳朵從背面觀看有著優雅的形狀。外輪廓的渦狀曲線，採取後視比起正面更有直線感。

耳朵向後傾斜

從側面觀看，耳朵稍微向後傾斜。

耳朵的位置

耳朵位於眼睛與鼻子之間的垂直線上，且在下顎線的後方。

繪製頭部與臉部——核對項目：

- 超越「技法的考量」——試著捕捉臉部的精髓。

- 決定觀察臉部的視點。才能確定頭部的五官安排配置。

- 兩性臉孔有極大差異。但是，並非牢不可破的法則，有些男性的臉孔會出現女性化的特徵，反之亦然。

- 臉部整體的外形是決定辨識性度基本要素，而非個別的五官長相。

- 描繪臉部的平面形狀時，將膚色簡化至二或三個明度即可。

技法  髮型

繪製頭髮的方式：先畫出整體的髮型形狀，然後再加上亮面的區塊。髮絲上永遠有亮點產生，要找出頭髮在頭頂部份的亮面位置。

髮色

　　研究頭髮各種可能的顏色。髮色可深可淺，因此，先確定主要的顏色，接著再依此主色，變換較深或較淺的色彩。服裝畫的髮色可以是寫實的顏色，也能是非寫實的色彩，例如，試著用藍色畫頭髮，可成為有趣的表現。

△ **非寫實的頭髮顏色**
本範例是以粉彩畫在黑色圖紙上。髮絲不僅僅是描寫頭髮的顏色，更用於創造氣氛且表達憤怒。而紅色、藍色與黃色的髮絲則用於強調此氛圍。

▷ **亮面的形狀**
保留白紙的白色為頭髮的亮面，能表現出豐厚感的髮量。

▷ **捲髮**
個別的髮絲可畫成形狀，亮面在頭頂的部份。

▷ **短髮**
這個髮型結合不同長短且交疊的髮絲。繪圖時由上往下畫,每縷髮絲交疊在另一縷之下。

▷ **直髮**
本範例顯示髮絲在尾端分開。繪圖時,在頭頂的部份加重筆觸,到髮尾時可輕輕收手。

▷ **向上挽的髮型**
在頭頂的髮髻,是這種髮型的主要造型。先畫這個主要的形狀,再畫個別下垂的髮絲,就能呈現髮型特色。

▷ **具動感的髮型**
當模特兒走動時,頭髮會向外甩開成流暢的形狀。要捕捉這樣的動感,須以分開的方式繪製每縷髮絲。

◁ **亮紅色的頭髮**
本範例中,模特兒的頭髮以紅色為基底繪製。鮮豔的色彩以稍微明亮的顏色描繪,來強調嘶嘶作響與性感的氛圍。同時,也使得黑色洋裝更顯出色。

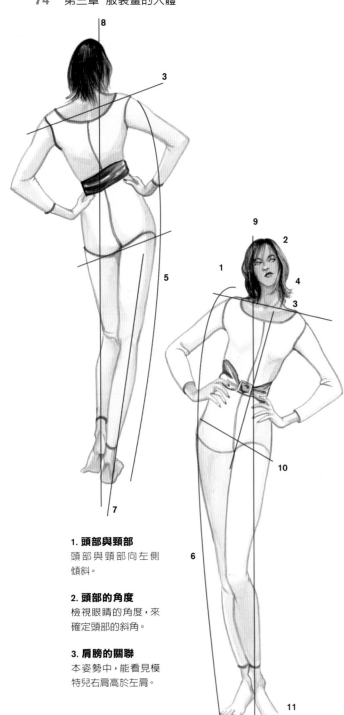

關鍵角度與線條

技法 23

辨別身體主要朝向的角度與線條，是畫出優異人體速寫要訣。觀察重點包括：頭、頸與雙肩的角度，前中心或後中心線、平衡線，支撐大部分體重的腿，及腿部的傾斜角度、臀部的角度與雙腳的位置。更要找出人體側邊最「伸展」得最突出的部位——通常臀部是最突出的部份。

部位的總結

為了確保能成功畫出人物速寫，得仔細端詳身體各部位的位置所在，弄清楚哪些部位是容許誇張化的表現，且又能維持與其他部位合理關係。既然，身體每個部位都是連結與連動在一起，改變某處的姿勢，則會牽動其他部位。例如，一側肩膀稍微提高一些，則會牽動臀部使相反的一邊提高。對於這些微妙的身體互動關係之瞭解，來自於對人體的仔細觀察。當你可以把人體畫得出神入化時，就能掌握姿勢的角度、提升繪畫表現。

1. 頭部與頸部
頭部與頸部向左側傾斜。

2. 頭部的角度
檢視眼睛的角度，來確定頭部的斜角。

3. 肩膀的關聯
本姿勢中，能看見模特兒右肩高於左肩。

4. 頸部角度
頭部移動時，頸部會隨著伸展而改變角度。本圖中，模特兒的左眼高於右眼，導致頸部向左側伸展。

5. 平衡線
這是操控人體的關鍵線條。平衡線是人體側邊相關位置所連結的線條。

6. 邊緣引導線

此線條為人體姿勢上最具動感的。本範例中，模特兒向其右側伸展臀部。

7.承重的腿之傾斜角度
承重的單腿承受身體大部份的重量。臀部因而向外伸展時，請注意其傾斜的角度。臀部越傾斜，支撐體重的腿之斜角

也越大。

8. 後中心線
本姿勢中，可見後中心線的傾斜角度。

9. 前中心線
本姿勢中，可見前中心線的傾斜角度。

10.臀部的相關位置
模特兒的右側臀部高於其左側的。

11.腳部的位置與其關係
腳部是支撐姿勢的基礎，所以描繪人體時，必須畫出腳部正確的位置與角度。

兩性人體

　　繪製女性的人體時，須強調、誇張臀部向外伸展的角度。模特兒透過臉部表情與身體角度來傳達她的姿態。可參考74頁的人體範例，女性模特兒比男性「推出」更多、伸展身體的角度更大。男性模特兒（右圖）向上微抬下巴，而女性模特兒則下巴向下微收。

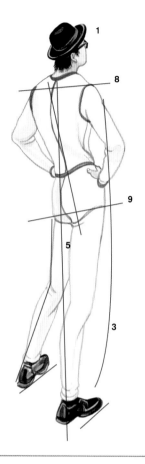

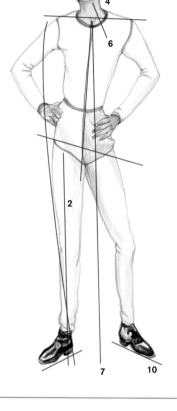

1. 頭部角度
下巴向上微抬。

2. 承重腿側的傾斜角度
支撐體重的腿部幾乎是直線的，另一隻腿則呈彎曲。

3. 邊緣引導線
首先要建立這條引導線，右側臀部是向外伸展的。

4. 頭部與頸部
下巴向上微抬，而頸部向前延展。

5. 後中心線
背部呈現S形曲線。

6. 頸部角度
模特兒向右伸展頸部。

7. 前中心線
前中心線有些微傾斜。

8. 肩膀的角度
模特兒的右肩略高於左肩。

9. 臀部的相關位置
模特兒的右側臀部高於左側。

10. 腳部位置及其關係
兩隻腳皆指向不同的斜角。

視平線與人體

　　當開始對於如何繪製人體的直線角度有所瞭解之後，接著可以把焦點放在觀察人體基本姿勢的各種角度及曲線。如果人體身上的衣服呈現完全垂直的角度，表示目前你正好採取平視。若採取俯視角度，則衣服線條通常會在兩側角落出現下垂的弧度。服裝在任何體態上，都是以圓弧的方式環繞其上。

3/4正面
此姿勢可見模特兒部份的身側，與較多的正面。

1. 仰視
模特兒的手鐲為仰視向下曲線的範例。

2. 平視
這是與視平線等高的姿勢，衣服圓弧狀的圍裹身體。

3. 平視
衣服的線條在此較為直線感。

4. 領圍線
本圖中，模特兒的左肩比右肩高，雙肩之間的關係，形成領圍的S形曲線。

5. 俯視
在俯視之下的線條為微笑曲線，本範例中T恤的下襬即是一例。

6. 褲子下襬
另一個S形曲線。

▭▷ **下一頁**　有觀賞點與姿勢介紹

技法 **24**
觀賞點

觀察人檯的造型，且從三個不同的觀賞點（平視、俯視與仰視）檢視它。平視時，腰線看來幾乎是直線；俯視（由上往下觀看）的角度時，腰線在兩側向上彎曲，猶如微笑般的曲線；仰視時，腰線兩側是向下彎曲的反微笑曲線。

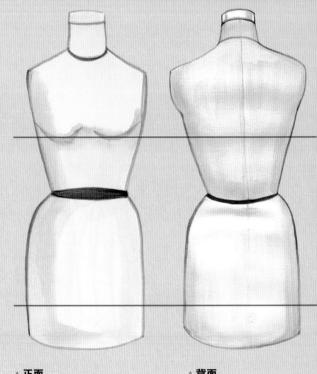

正面或背面
本範例為平視觀看人檯。請注意，人檯在腰部、領圍線與下半身的曲線弧度。

△ **正面**　　　　　　　△ **背面**

人檯正面
本範例中，三個人檯清楚表現人體曲線的不同。雖然人檯的肩線與臀部是水平直線的關係。仍然能明確表現出人體曲線與觀賞點之間的關係。

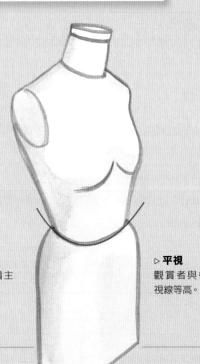

▷ **俯視**
由上向下觀看主體的角度。

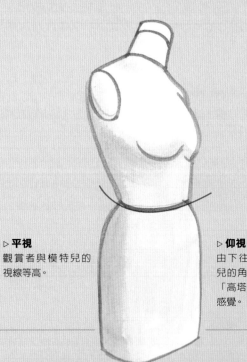

▷ **平視**
觀賞者與模特兒的視線等高。

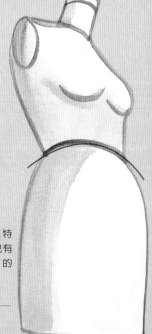

▷ **仰視**
由下往上觀看模特兒的角度，模特兒有「高塔聳立於前」的感覺。

觀賞點 與姿勢

25 技法

繪製服裝畫人體姿勢的方法很多，應用參考資料是其中很重要的一種。你可以使用雜誌上的照片，或是自行拍攝模特兒的照片。改變基本動作，或是調整人體比例，以符合自己的需求。也能發展某些姿勢來強調情感，以誇張化的角度或改變手部或腳部的位置來達成。

調整姿勢

通常只要些微的調整身體的某些部位，就能造成非常不同的動作。本範例說明調整姿勢的方法，透過誇張化的比例與動作要領，來傳達衣服細節或系列服裝的氛圍。

首先，模特兒的姿勢要反應系列服裝的精神，可以改變模特兒的動作來達到此目的。比方說，可以保持相同的頭部角度，嘗試不同姿勢的身體動作，衡量何者最適宜。頭部、手部與腿部是主要可更動的部位。然而，身體軀幹也能傳遞情感訊息，因此，當你要誇張化某個姿勢時，要格外仔細描繪脊椎曲線。

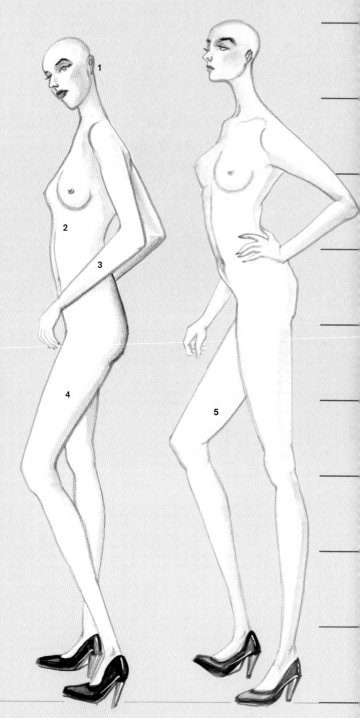

1. 頭部角度
本姿勢中，模特兒的下巴向下收，表情輕鬆中帶著自信，也似乎在盤算什麼。

2. 軀幹
人體的脊椎較挺直、較不花稍，態度上較優雅。

3. 手臂
這個角度，手臂遮住了身體軀幹。這會讓著裝繪製時產生某些困難，也許會遮去衣服重要的細節。

4. 腿部
本姿勢是雙腿交疊的優秀範例，動作適合許多種類的衣服，包括洋裝或裙子。

5. 腿部
雙腿在此沒有交疊。能清晰描繪服裝，包括褲子在內。

技法 26 改善姿勢

平常勤於收集雜誌裡各式各樣的姿勢，作為服裝畫模特兒繪製的參考資料，這是個好習慣。這類的參考資料也就是所謂的「剪輯資料」。繪製所需的人體時，可利用描圖紙覆蓋其上，調整姿勢重新繪圖，以符合要求。依此方法繪製人體即是「姿勢的去蕪存菁」，將墊在底層描繪的原始姿勢為基礎、針對需要加以「改善」，如此便能創造出優異的人體姿勢，勝於只是抄襲姿勢而不做任何調整。改善姿勢是有趣的方法，用以建立許多不同的姿勢，而且又能節省時間。

覆蓋描圖

人體繪製的發展過程猶如藝術一般，需要時間及經驗的累積方可熟能生巧。接下來的男性人體描繪說明（下一頁），是最終的「覆蓋描圖法」過程之介紹。從草圖開始到完稿的五階段步驟，使用描圖紙覆蓋描寫與三張不同的照片資料。

方法

繪製草圖的方法之一是，先把描圖紙置於比例輔助線之上（請參考48頁說明）。決定輔助線的比例之後──介於8到10頭身之間，畫出第一版的原始草稿。接著再使用另一張描圖紙覆蓋其上，將姿勢調整到最佳比例，同時也加強頭部、腿部與臉部的描寫。接下來用幾張新的圖紙，重複修正人體的描繪，次數不限、直到滿意為止。最後以最滿意的人體草圖作為服裝畫的人體基礎。利用燈箱的透光性，以其它圖紙描圖為完稿的人體。保留該完稿，可重複應用或在每次使用時，加入些微變化即可。

1 找一張穿著內衣的模特兒照片，畫出照片上的姿勢。

2 首先，用描圖紙覆蓋於原始照片上，描繪出原始姿勢。再用第二張描圖紙覆蓋其上，畫出第二個版本，並修改成所要的姿勢。在本範例中，頸部加長、手臂稍微加長與修得細緻些，減少腿部的寬度並且加長。

3 另外找一張肩膀、臀部位置相同、但是頭部與不同腿部角度不同的照片，再放置另一張描圖紙於步驟2的人體上，再描繪身體軀幹相同的部份，接著再畫出新的頭部、手臂與腿部。

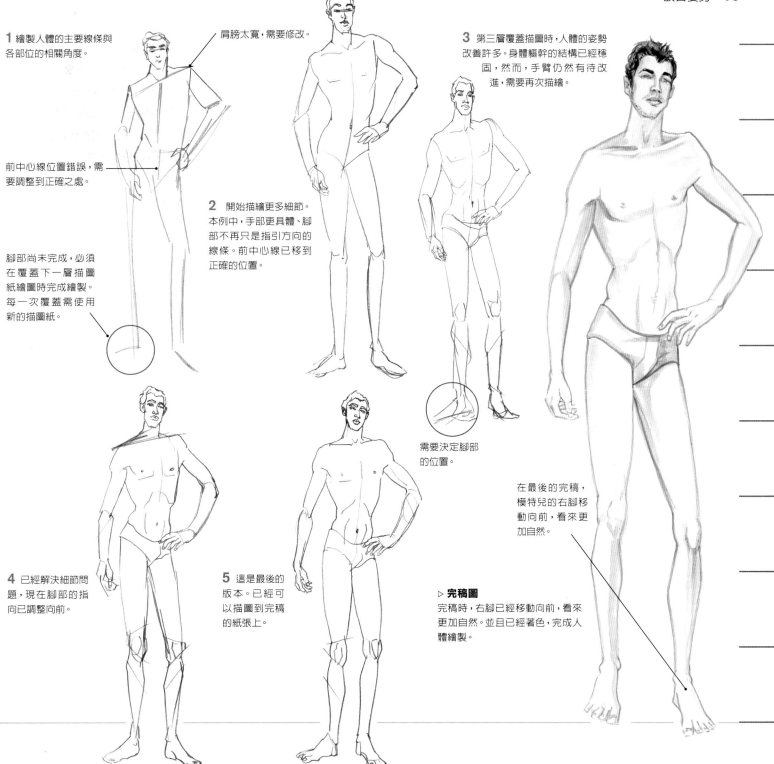

1 繪製人體的主要線條與各部位的相關角度。

肩膀太寬,需要修改。

3 第三層覆蓋描圖時,人體的姿勢改善許多。身體軀幹的結構已經穩固,然而,手臂仍然有待改進,需要再次描繪。

前中心線位置錯誤,需要調整到正確之處。

脚部尚未完成,必須在覆蓋下一層描圖紙繪圖時完成繪製。每一次覆蓋需使用新的描圖紙。

2 開始描繪更多細節。本例中,手部更具體、腳部不再只是指引方向的線條。前中心線已移到正確的位置。

需要決定腳部的位置。

4 已經解決細節問題,現在腳部的指向已調整向前。

5 這是最後的版本。已經可以描圖到完稿的紙張上。

▷ 完稿圖
完稿時,右腳已經移動向前,看來更加自然。並且已經著色,完成人體繪製。

在最後的完稿,模特兒的右腳移動向前,看來更加自然。

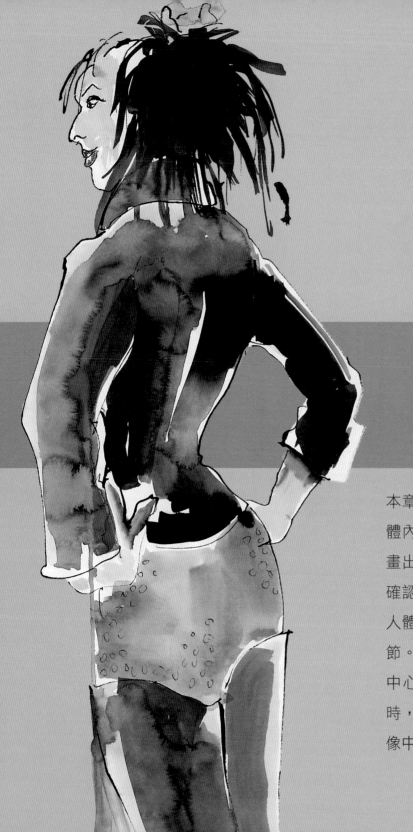

本章節的重點在於，以批判性的眼光來觀察人體內部，並瞭解人物著裝繪圖的重要性。想要畫出有難度的著裝技巧，需要學習使用輔助線確認一致的比例，並且在畫人體草圖時，認知人體的主要線條應如何描繪，這是不可缺的環節。你將會學習如何觀察線條，比如：前、後中心線和腰圍線，以便表現更好的造形，同時，使用服裝的結構線知識，使得下筆畫出想像中的衣服，也變得更容易了。

第四章

4

技 法

27 繪圖基礎

技法

為了完成描繪服裝的作品，設計師或是描繪者必須考慮許多描繪的觀點，將這些過程切分成為一連串的步驟，就成為一個簡化描繪作品技法的方法。

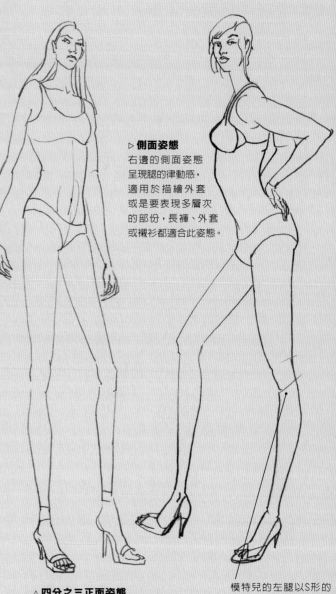

▷ **側面姿態**
右邊的側面姿態呈現腿的律動感，適用於描繪外套或是要表現多層次的部份，長褲、外套或襯衫都適合此姿態。

描繪決策

這些主要的決定包含了在創作作品時，決定使用何種媒材、技法，乃至於最後繪製衣服在一個準備妥當的人體上。

媒材或顏料通常是以一層一層濕的或乾的方式混合使用，可能全部上色，使整個人體表現寫實的內容，或可能只在陰影處上色，以留白的方式畫出造形；也可以隨意在人體的局部上色就好，以上這些決定是根據自己想要表現的方式以及有多少時間。

姿態

從姿態開始著手，接著解析人體的造形，找出比例、觀察點以及建立基本原則。你想要使用正面？側面或是背面的姿態在最後圖面上？哪裡是觀看點的視平線？需要較低的視平線來表現更戲劇性的畫法嗎？側面的姿態較適合呈現衣服的外觀？在開始畫之前先問問自己這些問題吧！

△ **四分之三正面姿態**
這個姿勢很適合表現戲劇性的長洋裝，此為由下往上看的低視平線位置。

模特兒的左腿以S形的律動方式呈現，與右腿形成對比。

鏡射姿勢

　　當你已經畫好一個人物姿態之後，可以運用鏡射的技巧，
複製出面對另一個相反的方向的人物；善用這個方式，你可以
再將其他的姿勢以此技巧作出鏡射的相反姿態。

著裝人物的側面
這裡是已經著裝好的側面人
體（見第84頁），但是尚未鏡
射的姿態。

已經鏡射對稱的服裝畫
相同的姿態已用鏡射法轉
畫到另一張紙上，然後畫出
服裝並上色。本例中，人物
髮型已經改變，並增加提藍
的裝飾，模特兒其中的一隻
手已經畫成握住提藍的把
手了。

服裝的結構線

　　當你在完成修飾的速寫人體上描繪服裝時，有些線條顯得特別有用，包括：前中心線、後中心線、胸圍線、腰圍線、袖襱、公主線以及底褲線，如果將這些線條畫在一個精準的人體上，便可以根據這些線條把衣服描繪上去。此外，繪製布料花色於人體的衣服上，更是一種在立體人體表面構思服裝構成線的特別方法。

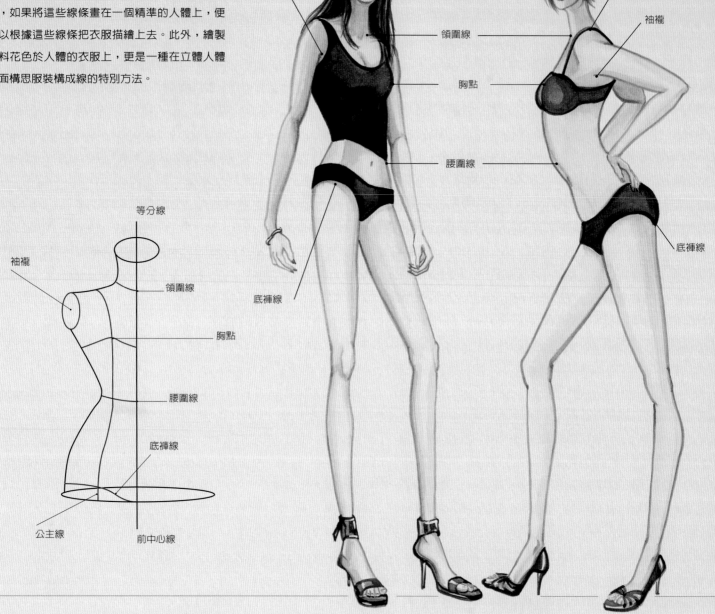

構成線

袖襱

領圍線

胸點

腰圍線

底褲線

公主線

袖襱

底褲線

等分線

袖襱

領圍線

胸點

腰圍線

底褲線

公主線

前中心線

平面外套　　**人體速寫**

平面裙子

技法 28

造形與 服裝種類

所有著裝的畫法是依據衣服的形狀與造形的描繪而來,例如:如果畫的是長褲搭配T恤,規則就與畫一件長袍不同。

在畫服裝時最需要考慮的事情,包括縫合線的位置與仔細的配置、瞭解在人體上描繪服裝時的視平線位置,及皺褶的畫法,第一個步驟是學習關於畫主要服裝種類的輔助線。

平面圖與著裝細節

以平面方式描繪的服裝畫,衣服外觀呈現明顯的形狀和清楚的構成線,但若是把相同的衣物畫在人體上,造形方面更具挑戰性。當描繪人體著裝時,第一件事就是要去考慮服裝的形狀,再將平面的衣服仔細地描繪上布料花色,所有的著裝必須呈現流動感與量感。

1 完成平面服裝上的形狀跟構成線,以及人體速寫。

2 平面服裝已經畫在人體速寫上。

3 完成圖案繪製的服裝,在人體上呈現。

▭▶ **下一頁** 更多關於造形與服裝種類

裙子

　　服裝造形包括各樣裙款，穿著裙子時會在臀部與膝蓋之間形成一些皺褶，下襬線也會隨著臀部角度及縫合線，順著身體形成弧線，如以下著裝圖示。

上衣類

　　襯衫、外套等服裝是畫在一個有身體前中心線的軀幹上，在畫好姿態後，著裝著重於表現皺褶、縫合線以及領圍線的形狀。

袖襱的弧線顯示出每個姿態的主要角度

皺褶形成於骨盆與大腿開始之間

胸點

腰圍線

前中心線

公主線

◁ △ **服裝造形**
這些人體穿著各種服裝樣式，每個例子都清楚呈現服裝形式。

▷ 後視

描繪白色洋裝的範例中,顯示在畫肩帶於背後交叉時,後中心線是重要的考量依據。以雙層表現因被撩起而出現皺褶的裙襬,畫出如瀑布般洩下的三角形形狀。

▽ 仰視

人體被從低的視平線往上觀看,較短那邊的裙襬是因隨著臀部的角度形成。這個姿態以複雜的領圍和波浪領為造形設計,清楚地畫在前中心附近的配置位置,而低的視平線角度畫法也使腰線形成反方向的弧形。

△ 彎曲的腿

這個長褲加上T恤,搭配厚重毛衣的範例,顯示在畫微屈的腿時,應如何考慮到膝蓋,長褲在膝蓋外側形成弧形的皺褶,直的右腿側面則畫出脇邊線,增加了這個姿態的律動感。

▭▷ **下一頁** 更多關於造形與服裝種類

前中心線

　　繪製服裝畫時，定位人體前中心線是很重要的，如果這個姿態是簡單的正面畫法，那麼兩邊的衣服份量就幾乎是相同的。

　　如果是側面或是四分之三正面的姿態，前中心線兩邊的著裝配置就會一邊多於另外一邊，這同時影響上半身衣服及褲子的形狀，注意在第85頁的服裝畫中，人體速寫上有一條前中心線，現在你應該可以看出，在描繪著裝造形時這真是一個絕佳的工具。

注意前領圍線的配置

注意前領圍線的配置

注意褲子在前中心線的兩邊幾乎相同份量

這張圖顯示畫有前中心線的人體，並在上面標示釦子的記號，以及在領圍上的領子，這個四分之三正面的角度清楚地表現出襯衫的左邊較大於右邊的畫法。

胸點

腰圍線

前中心線

對稱的正面姿態
這是穿著V領上衣的正面姿態，很容易找到前中心線，左右兩邊的上衣形狀相似，布料花色很容易被描繪出來。

四分之三側面姿態
這個姿勢將模特兒前中心線的左上半身製造出V-形，可以看到因為姿態的關係，外套的造形是左邊大於右邊。

在這個姿態下，長褲的形狀左右不對稱，右邊小於左邊。

後中心線

在描繪許多著裝造形時，後中心線的幫助很大——它將有助於建立最準確的後視姿態；若是從後方描畫露背禮服，脊椎就會顯現出來。

其他的服裝造形，包括外套和襯衫，多半不會把這個在人體背後的解剖學主要構造——脊椎露出來；因此，後中心線的目的是運用一種抽象的概念來協助描繪衣服的造形方向與皺褶，此外也適用於繪製衣服背後的布料花紋。

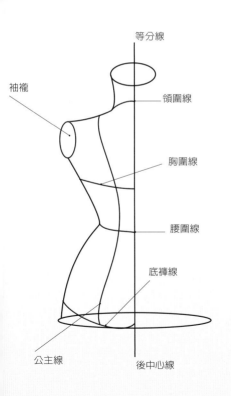

- 等分線
- 袖襱
- 領圍線
- 胸圍線
- 腰圍線
- 底褲線
- 公主線
- 後中心線

彎曲的脊椎

這個人體因背面彎曲而使脊椎形成曲線，以後中心線為輔助線、找到襯衫、裙子和臀部的角度，由此可以很清楚瞭解到，這樣的輔助方法可協助顯示腰部、襯衫下襬和裙襬線。

後中心細節

這張圖在後中心線的部位加入一個叉片，可以使用類似這樣的細節設計來展示姿態角度，並將細節完美地置入人體的線條當中。

後視

運用人體背後的弧線來呈現這個複雜的鋪棉圖案，沿著後中心線描繪對於保持圖案設計的位置也很有幫助。

下一頁　更多關於造形與服裝種類

袖襴

在這件洋裝上只需要畫一個袖襴，袖襴沿著上身軀幹採弧線造形，同時也要夠大到足以呈現整個肩膀結構

輔助線

　　畫衣服結構上複雜的褶子線條時，輔助線是必要的，你會發現在胸圍線、腰圍線、下襬線、前後中心線位置畫上弧線非常有用，這些從腰部垂墜下來的線條可以顯示骨盆的弧度，依據此姿態可依常識找到臀部角度畫出下襬，衣服的垂墜感也可以沿著人體上的這些線條規劃。

領圍線

這件洋裝是採落肩設計，留意人體上彎曲的弧線，領圍主要的結構線並不是典型的弧線曲度，畫法是沿著人體的曲線造形並製造量感。

後腰圍線

從這個面來看，腰圍線是向上的弧線。

前腰圍線

這個例子顯示模特兒的腰線成向下的弧線且左腰較高。

四分之三正面姿態

上半身褶子的造形是沿著胸部的弧度，同時出現一個很清楚的對角線方向橫跨前中心線。

背面

在這個例子當中，後中心線對於上半身的重疊弧線造形非常有幫助，注意在底下的左半邊剛好經過後中心點，這裡有隱藏式拉鍊的設計。

前下襬線

裙襬弧線向下，因為模特兒左邊的臀部高於右邊，因此模特兒左邊的裙襬較高。

後下襬線

從後面來看，下襬向上彎曲，這個模特兒呈現很有力的向後傾姿態，必須畫出後中心線的位置才能表現出裙子部分的褶子。

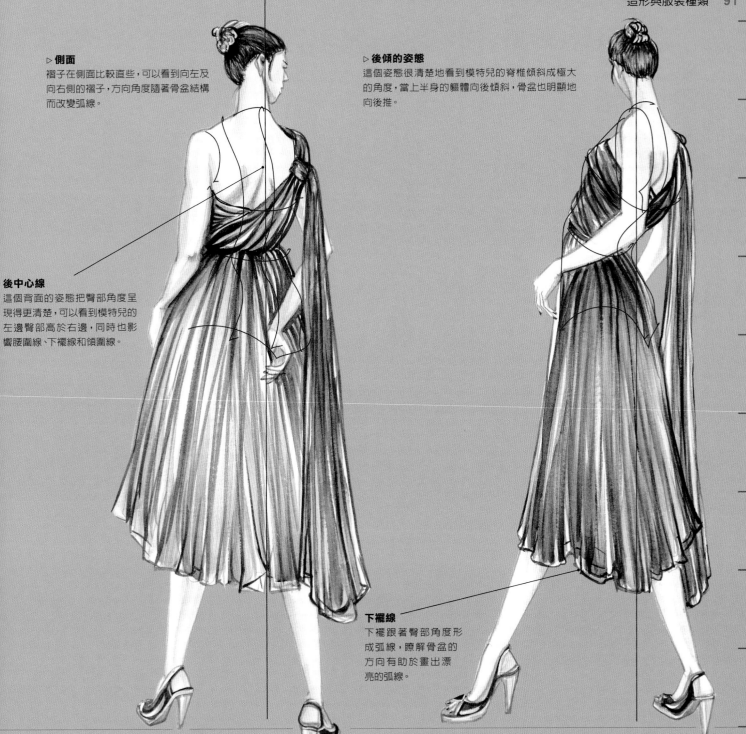

▷ **側面**
褶子在側面比較直些,可以看到向左及向右側的褶子,方向角度隨著骨盆結構而改變弧線。

▷ **後傾的姿態**
這個姿態很清楚地看到模特兒的脊椎傾斜成極大的角度,當上半身的軀體向後傾斜,骨盆也明顯地向後推。

後中心線
這個背面的姿態把臀部角度呈現得更清楚,可以看到模特兒的左邊臀部高於右邊,同時也影響腰圍線、下襬線和領圍線。

下襬線
下襬跟著臀部角度形成弧線,瞭解骨盆的方向有助於畫出漂亮的弧線。

▭▷ **下一頁**　更多關於造形與服裝種類

車縫線

　　畫好這些輔助線可以告訴你哪些衣
服上的車縫線是存在的，領圍線跟袖襱
線都是主要的輔助線，從袖襱可以看到
袖子如何與衣服結合，還有袖襱的範圍
有多大。

　　公主線呈現衣服裁片的結構，同時
也是重要的輔助線，觀察許多服裝種類
的造形會發現，在著裝畫法上，將公主
線描繪正確是必要的。

▽ **領圍線**
這件洋裝的U型低領口特色展現前中
心線，同時也有助於找到領子的位置與
寬度，袖子強調肩部造形，且袖圈往肩
點向後形成弧線。

公主線
模特兒的上衣沿著公主線附近剪接，由上窄下寬
的配色剪接片縫合而成，方型領圍線，袖襱下方以
細帶子打結，呈現縫合線與此輔助線的重要性。

寫實性

這件洋裝的特色是方型領口和公
主線,這些細節對於建立服裝的
結構以及增加寫實性是很有幫
助的。

造形與量感

在外套和洋裝的套裝畫上公主線搭配拉克蘭
袖設計,並沿著領圍線畫出領子布料寬度的
弧線,這個描繪著裝的技巧充分畫出合身、
造形與量感,外套前下襬強調前中心位
置,整張圖描繪出許多的服裝結構線。

⬠ **下一頁** 更多關於繪製布料花色

94

技法 29

繪製
布料花色

想像服裝穿在人體上效果如何，就要運用在人體「繪製布料花色」的概念，此技法包括想像在人體上有著裝的假想線，並將它們以網格線標示繪製在人體上，這些分布的網格線詳細規畫了著裝的線條、褶子和細節。

找到領型線與網格線上相吻合處做上點的記號，然後找出領子下一段點的位置並在這些點之間連成一線。

解剖學和服裝人體
骨骼的結構遍佈在皮膚底下，形成肌肉與服裝形態。

繪製布料與網格線
繪製布料技法的好處是，你不需要看著真實的衣服描繪，只要服裝浮現腦海，就可以畫在人體上。如此就能將想像中的衣服畫在紙上，或者也可以先將平面的衣服畫好、作為畫在人體時的參考。

畫出外套的前開襟線並稍微超過前中心線

當配置網格線，弧線形成等高線遍佈全身，假設這些網格線是平面的，就會看到方塊的格子，但當格網是依照身體曲線被拉伸，就會變成遍佈全身的弧線，形成著裝的線條、褶子和細節的地圖。

人體上的描繪點
這件外套的畫法是：先在平面的外套上找出許多點，再將這些點依照在身體的落點位置畫在立體的人體上，持續這樣的過程直到將許多點都找到位置，最後這些點就會連接起來使得外套浮現於紙上，這個過程最好採用覆蓋上描圖紙來畫的方式。

平面網格線畫法

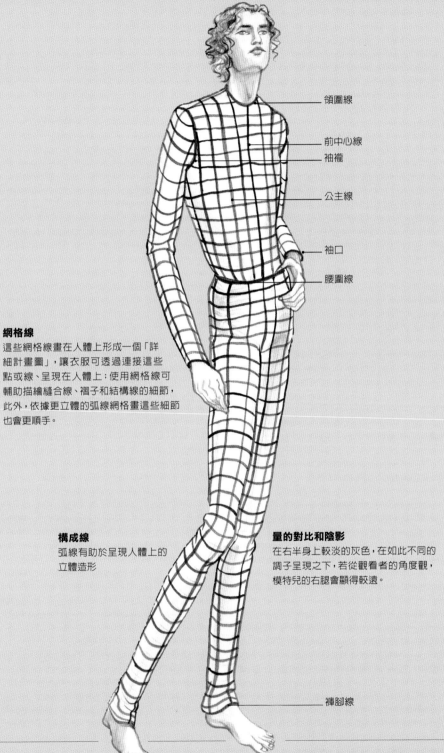

領圍線

前中心線

袖襱

公主線

袖口

腰圍線

網格線

這些網格線畫在人體上形成一個「詳細計畫圖」，讓衣服可透過連接這些點或線、呈現在人體上；使用網格線可輔助描繪縫合線、褶子和結構線的細節，此外，依據更立體的弧線網格畫這些細節也會更順手。

構成線

弧線有助於呈現人體上的立體造形

量的對比和陰影

在右半身上較淡的灰色，在如此不同的調子呈現之下，若從觀看者的角度觀，模特兒的右腿會顯得較遠。

褲腳線

➤ **下一頁** 更多關於繪製布料花色

繪製布料範例研究

　　以下範例是由發展姿態開始，並且運用衣服上的
結構線將衣服布料繪製於此姿態上的過程，透執行過
每個描繪階段，就能夠把各步驟逐一應用在作品上。

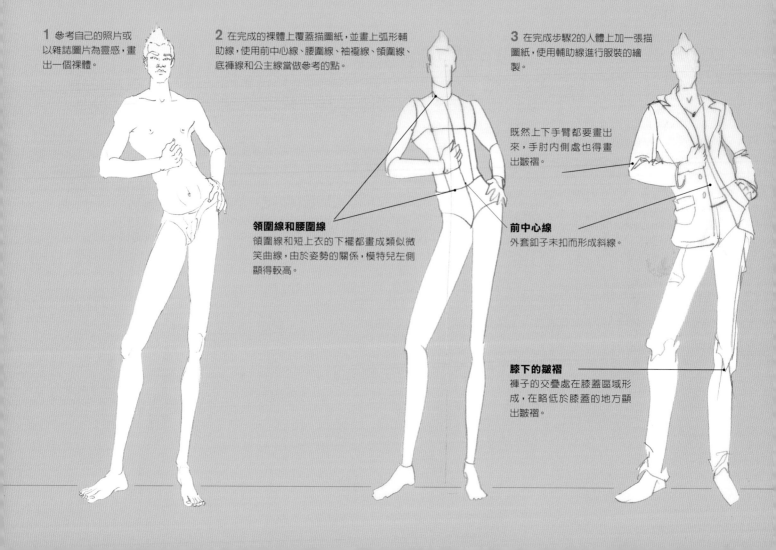

1 參考自己的照片或
以雜誌圖片為靈感，畫
出一個裸體。

2 在完成的裸體上覆蓋描圖紙，並畫上弧形輔
助線，使用前中心線、腰圍線、袖襱線、領圍線、
底褲線和公主線當做參考的點。

3 在完成步驟2的人體上加一張描
圖紙，使用輔助線進行服裝的繪
製。

既然上下手臂都要畫出
來，手肘內側處也得畫
出皺褶。

領圍線和腰圍線
領圍線和短上衣的下襬都畫成類似微
笑曲線，由於姿勢的關係，模特兒左側
顯得較高。

前中心線
外套釦子未扣而形成斜線。

膝下的皺褶
褲子的交疊處在膝蓋區域形
成，在略低於膝蓋的地方顯
出皺褶。

4 選定媒材之後，先畫外套的底色，在此運用水彩表現色彩的明暗。

5 畫上布料表面的肌理、織紋以及更多細節，完成人物的繪製。

▭▶ **下一頁** 更多關於皺褶與垂墜

技法 30

皺褶與垂墜

由於皺褶能顯示出服裝結構，因此它在服裝畫當中是相當重要的環節，皺褶在衣服上出現適當的垂墜效果，包括：細褶、活褶、縮縫和抽細褶等，增加皺褶的描繪可以加強人體動態的表現。

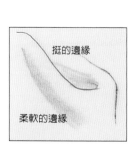

皺褶範例

上圖皺褶的範例顯示，在重疊的部份，線條較硬且清楚，在平坦處則顯得較寬且柔和。

畫動態中的衣服皺褶效果時，關鍵在選擇適當的姿態和角度，因為人體在動態時衣服有些部分是清晰的，但有些被隱匿起來。假設皺褶在動態的人體形成時，這些稱為皺褶的「源點」（source point）就會在人體上拉出皺褶。朝地心引力方向畫，是描繪這些皺褶的準則，在畫長袍時更容易證明以上說法，皺褶形成自衣服的線條，包括胸部或臀部，但在描繪時，為了使效果好看，過多的皺褶是不必要的。

描繪皺褶

右圖範例，整個較挺的和柔軟的皺褶邊緣，都被鉅細靡遺地畫出來，模特兒身上垂墜一件抓細褶、別細針和打結的衣服，但這些皺褶並非為了表現動態，而是以弧線繞著人體造形。

描繪線條

這些重疊的線條用來描繪較硬挺的皺褶結構。

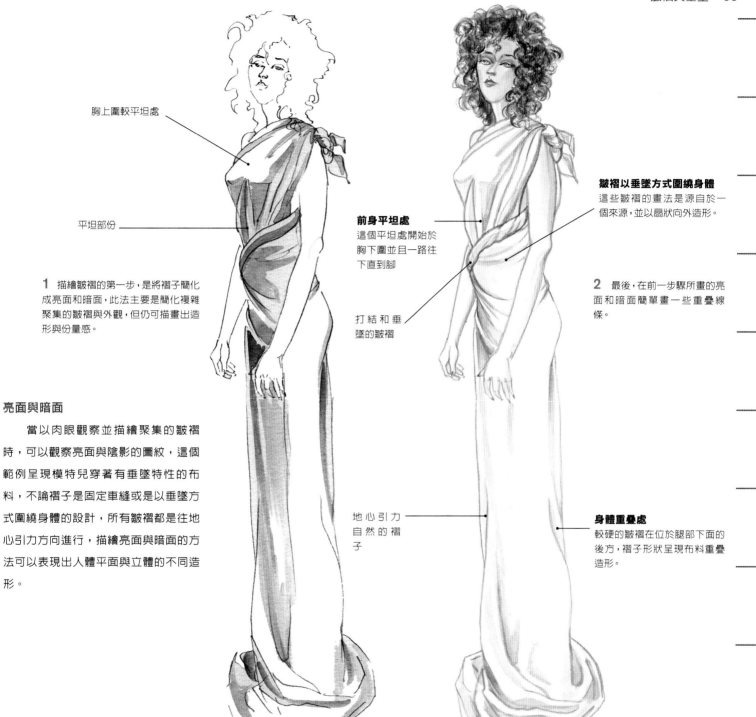

胸上圍較平坦處

平坦部份

1 描繪皺褶的第一步，是將褶子簡化成亮面和暗面，此法主要是簡化複雜聚集的皺褶與外觀，但仍可描畫出造形與份量感。

前身平坦處
這個平坦處開始於胸下圍並且一路往下直到腳

打結和垂墜的皺褶

皺褶以垂墜方式圍繞身體
這些皺褶的畫法是源自於一個來源，並以扇狀向外造形。

2 最後，在前一步驟所畫的亮面和暗面簡單畫一些重疊線條。

亮面與暗面

當以肉眼觀察並描繪聚集的皺褶時，可以觀察亮面與陰影的圖紋，這個範例呈現模特兒穿著有垂墜特性的布料，不論褶子是固定車縫或是以垂墜方式圍繞身體的設計，所有皺褶都是往地心引力方向進行，描繪亮面與暗面的方法可以表現出人體平面與立體的不同造形。

地心引力自然的褶子

身體重疊處
較硬的皺褶在位於腿部下面的後方，褶子形狀呈現布料重疊造形。

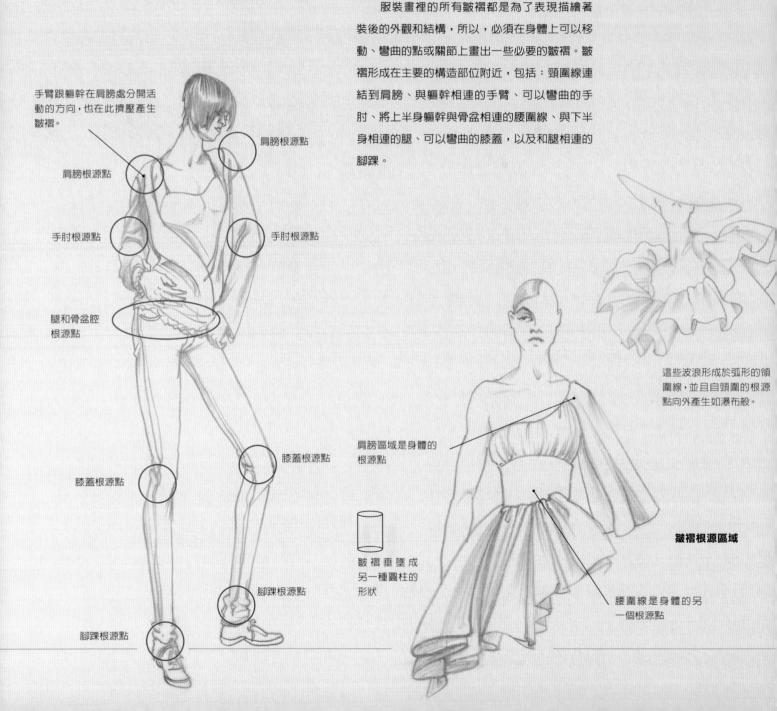

結構點

服裝畫裡的所有皺褶都是為了表現描繪著裝後的外觀和結構,所以,必須在身體上可以移動、彎曲的點或關節上畫出一些必要的皺褶。皺褶形成在主要的構造部位附近,包括:頸圍線連結到肩膀、與軀幹相連的手臂、可以彎曲的手肘、將上半身軀幹與骨盆相連的腰圍線、與下半身相連的腿、可以彎曲的膝蓋,以及和腿相連的腳踝。

手臂跟軀幹在肩膀處分開活動的方向,也在此擠壓產生皺褶。

肩膀根源點

肩膀根源點

手肘根源點

手肘根源點

腿和骨盆腔根源點

膝蓋根源點

膝蓋根源點

腳踝根源點

腳踝根源點

這些波浪形成於弧形的領圍線,並且自頸圍的根源點向外產生如瀑布般。

肩膀區域是身體的根源點

皺褶垂墜成另一種圓柱的形狀

皺褶根源區域

腰圍線是身體的另一個根源點

手肘關節和典型皺褶構造

在關節附近形成的皺褶呈環繞狀，但是選擇描畫的觀察點通常只是畫出皺褶的表面，如果觀察形成於手肘彎曲處的皺褶，某些時候布料下的手臂形狀可以看得很清楚。為了能完全描繪出褶子的複雜性，請抱持著「人體在服裝之下」的感覺，將褶子以弧形環繞著人體部位加以描繪、呈現。

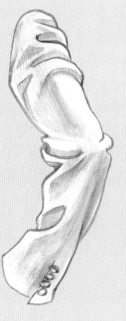

◁ 側面——四分之三 後方 ▷
手臂彎曲導致皺褶出現在手肘內側，並且呈弧形分布在上下手臂之間的關節處，布料要畫得比手臂的輪廓線厚些。

◁ 正面 ▷
典型手肘彎曲的皺褶情況，可看到皺褶在手肘內側附近如何形成，手臂彎曲處的布料較寬且份量多，皺褶環繞手肘關節。

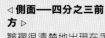

◁ 側面——四分之三前方 ▷
皺褶很清楚地出現在手肘附近，使袖子比手臂線條要寬很多，這個角度來看皺褶從手肘到手腕之間出現拉緊的效果。

☞ 下一頁 更多關於皺褶與垂墜

手肘根源
皺褶以弧形繞
著手肘

肩膀源點
這裡表現在上半身圍繞於肩膀
上的皺褶。

膝蓋根源
模特兒膝蓋彎曲,而且
較低的右腿在膝蓋內
側出現弧形的皺褶。

軀幹源點
在腰圍線與骨盆附近形
成弧形的皺褶。

皺褶與身體動作

在這幾頁裡描繪皺褶在身體動態時的樣子,身體每個部位
都可以彎曲或扭轉,就像畫面上的姿態,手肘、膝蓋可以彎
曲,軀幹在上半身與骨盆之間扭轉,可以從皺褶造形在主要的
身體區域證實,皺褶會將布料形成寬且厚的份量感,重疊區域
表現較硬及柔軟的皺褶畫法。

在膝蓋的皺褶
留意模特兒左膝的褶子
如何垂墜下來

在直條紋的布料上畫出皺褶重疊效果,直條紋在
看不到的部份呈現較硬的褶子重疊效果,而看得
清楚的條紋部份則以柔軟的褶子描繪。

皺褶與動態

　　長洋裝的布料因為模特兒走路的動作而以優雅的弧線向外垂墜，描繪走路姿態時，著裝的技巧必須要表現出步行的動態，這個描繪垂墜效果的概念將使得畫面更加優雅。

走路的姿態
因模特兒向前移動使得皺褶向後移動

源點區：前中心線和胸圍線
皺褶由前中心線及較低的胸圍線垂墜

膝蓋源點
因模特兒的腿是彎曲的，皺褶便自膝蓋產生，這些皺褶如瀑布般、呈三角形向下垂墜展開。

1 皺褶受地心引力影響自胸圍線附近產生，膝蓋也導致一些褶子自此垂墜，當模特兒向前移動時，布料會向外擺動。

2 在皺褶處增加鮮明的色彩以及輪廓線，褶子產生較硬和柔軟的份量感和構造。

皺褶和流行

本範例呈現皺褶是如何順著人體的弧線畫出來的，最主要的聚集褶子處是在骨盆附近，模特兒左臀到右膝之間有一道皺褶產生，整個皺褶部份由臀部源點以扇形表現出此姿態的動感。

技 法

31 簡化皺褶

服裝畫是一門需要反應問題的藝術形式，例如畫皺褶時，將原本過多的皺褶問題改成簡潔的褶子畫法。關鍵在於，畫縐褶時務必把握描繪原則——畫得漂亮、高雅且優美。描畫的衣服要有形有款，就得簡化多餘的皺褶、服裝細節以便顯出體態及縐褶架構。

肩膀根源點

腰圍附近的皺褶

臀部根源點

臀部根源點

皺褶
皺褶傾向於在身體各部位之間拉伸出來，這裡的皺褶拉伸於肩膀和臀部之間，左臀和右臀之間，以及臀部與膝蓋之間。

手肘內側的褶子
表現布料擠壓在手肘內側形成褶子

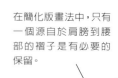

皺褶和真實性
這個範例真實地把每個皺褶都畫出來，使衣服顯得皺褶過多而不吸引人。

在簡化版畫法中，只有一個源自於肩膀到腰部的褶子是有必要的保留。

在這個例子中，袖子上的輪廓描繪重點是褶子的份量感，而非過度聚焦於褶子的重疊處。

簡化皺褶後
許多皺褶被簡化處理，以便能夠看清布料的特性、姿態動作和衣服的細節。

選擇什麼該畫

　　記住在畫褶子時，要包括主要環繞身體，以及交錯、重疊的褶子，還要了解較硬和柔軟的褶子造形，簡化褶子使服裝畫更吸引人。

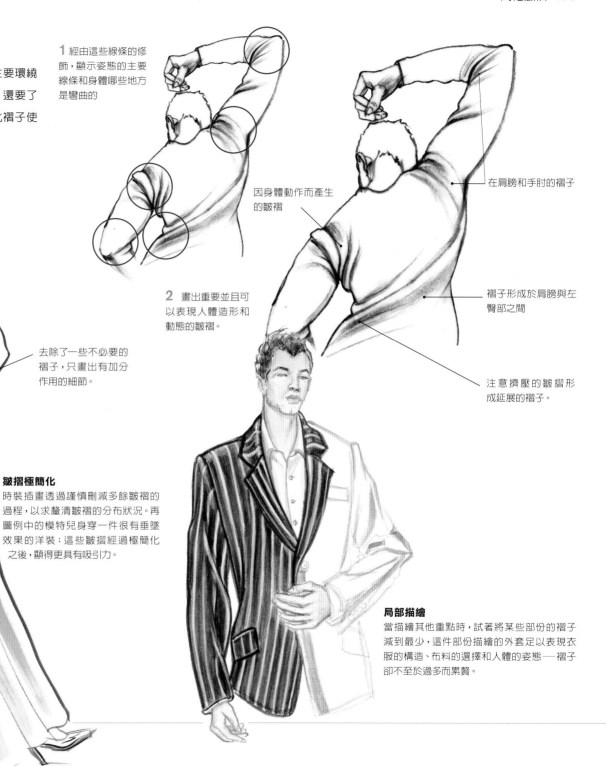

1 經由這些線條的修飾，顯示姿態的主要線條和身體哪些地方是彎曲的

2 畫出重要並且可以表現人體造形和動態的皺褶。

因身體動作而產生的皺褶

在肩膀和手肘的褶子

褶子形成於肩膀與左臀部之間

注意擠壓的皺摺形成延展的褶子。

去除了一些不必要的褶子，只畫出有加分作用的細節。

皺摺極簡化

時裝插畫透過謹慎刪減多餘皺褶的過程，以求釐清皺褶的分布狀況。再圖例中的模特兒身穿一件很有垂墜效果的洋裝；這些皺摺經過極簡化之後，顯得更具有吸引力。

局部描繪

當描繪其他重點時，試著將某些部份的褶子減到最少，這件部份描繪的外套足以表現衣服的構造、布料的選擇和人體的姿態——褶子卻不至於過多而累贅。

帽子

　　畫帽子時，想像需要在戴帽子的頭部進行尺寸測量，帽子必須要完美地符合頭形不能太鬆或太寬；帽緣有幾處會接觸到頭骨。多數的帽子由帽緣和帽頂組成，可以有各樣的款式造形，可能往後戴、往側邊戴，或往下拉遮住額頭。每當描繪時，要觀察戴帽子的位置以創造出具有造形的飾品。

技法 32 配件

服裝配件包括包包、皮帶、鞋子、襪子、珠寶、帽子、圍巾、面具、領帶、褲襪、眼鏡和手套。你必須具備描繪任何與服裝結合、或能為服裝加分的物件。觀察配件的細節、與如何運用配件展現出衣服特色。既然飾品有助於服裝的銷售和加強時尚感，依據參考資料描繪飾品是很重要的一個環節。

帽頂要符合頭形，而且要戴夠低，免得一移動就飛落，此外帽頂也要畫得比頭部稍大一點。

帽緣
畫出有型的帽緣以符合特殊帽型，這款模特兒側戴的帽子有弧形的帽緣設計。

頭骨形狀
試著揣摩在帽子和頭髮底下的頭形是什麼模樣。

帽頂
從這個角度來看，這頂帽子被仔細地以一種能正確呈現架構、表現風格與適合頭形的角度戴上。

小心地畫出等長的兩側帽緣。

鞋子

鞋子是細部的配件，只要符合解剖學構造，適當地搭配模特兒腳部，就能畫出很好的效果。畫鞋子需要觀看鞋子的形狀、從鞋尖到鞋跟的角度和細節，並且觀察鞋頭的形狀、畫出鞋跟以及平面變化的方向。此外，鞋子的外側總是寬於內側部分。

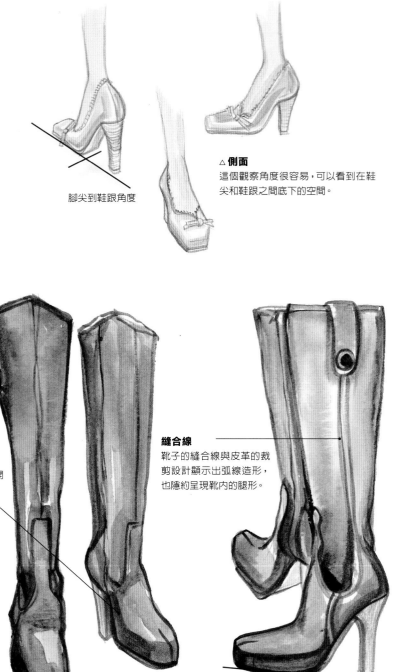

腳尖到鞋跟角度

△ 側面
這個觀察角度很容易，可以看到在鞋尖和鞋跟之間底下的空間。

鞋子的構造
這個範例裡，鞋子的線條順著腳的弧度

側面

鞋尖到鞋跟角度

垂直線
這條垂直線建立了鞋跟的位置。

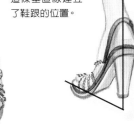

鞋寬
鞋子外側邊緣較寬

平面轉折區
腳從靴子的這個點開始轉為弧形。

縫合線
靴子的縫合線與皮革的裁剪設計顯示出弧線造形，也隱約呈現靴內的腿形。

▽ 中心輔助線
在鞋子和腳之間畫一條中心線當輔助線，便可以很容易看出鞋子外側比內側寬。

鞋尖到鞋跟的角度

▭ **下一頁** 更多關於配件技法

男鞋

　　畫男鞋需要對平面有所認知。當一道弧線因改變方向而形成，而且在畫中仍可看出平坦表面時，此時平面已經形成。舉例來說，平面是指可用較暗的明度呈現稜角的平坦面。男鞋的構造是前面寬頭的開口處高於後方，從鞋底看過來外側要比內側寬。

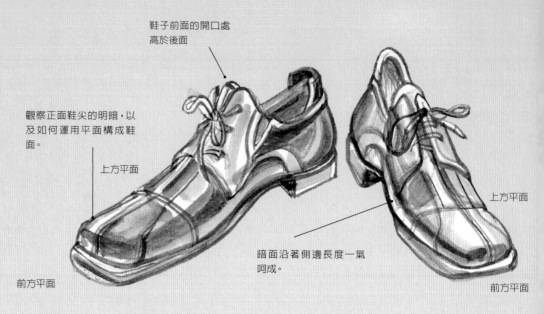

鞋子前面的開口處高於後面

觀察正面鞋尖的明暗，以及如何運用平面構成鞋面。

上方平面

前方平面

上方平面

暗面沿著側邊長度一氣呵成。

前方平面

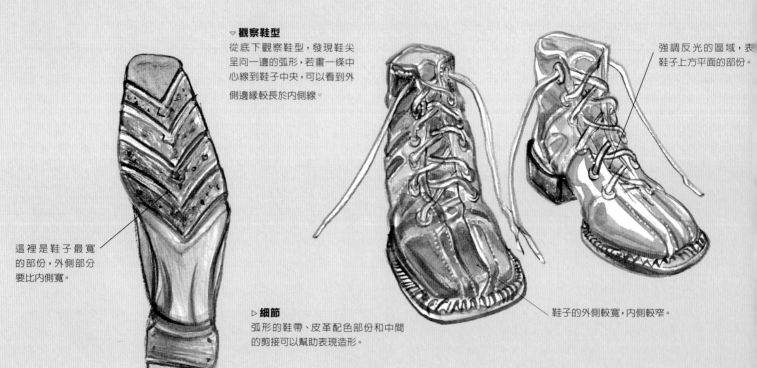

▽ **觀察鞋型**
從底下觀察鞋型，發現鞋尖呈向一邊的弧形，若畫一條中心線到鞋子中央，可以看到外側邊緣較長於內側線。

強調反光的區域，表鞋子上方平面的部份。

這裡是鞋子最寬的部份，外側部分要比內側寬。

▷ **細節**
弧形的鞋帶、皮革配色部份和中間的剪接可以幫助表現造形。

鞋子的外側較寬，內側較窄。

珠寶

　　戒指是財富的象徵，歷史上記載其出現自古埃及和希臘時代，可以戴在所有的手指頭上以顯現卓越的造形。要畫出專有的珠寶細節必須要會畫任何珠寶的形狀，對於想要畫的珠寶，觀察形狀和色彩是很重要的，金屬色可採用明度對比或是多種明度變化的畫法描繪黃金和銀飾的珠寶，如果首飾上有貴重的寶石，就要運用一種顏色的多種明度變化及白色作重點強調，用手環、項鍊、特殊的別針、腰帶和所有珠寶飾品來為服裝畫增色。

包包

　　包包可以用來表現造形，也是受歡迎的奢華配件，所有大小包包使用多樣不同材質製作，同時也是時尚服裝畫的一部分，所以，要學習描畫各種包包的細節、輪廓、形狀和質地——包括購物紙袋。

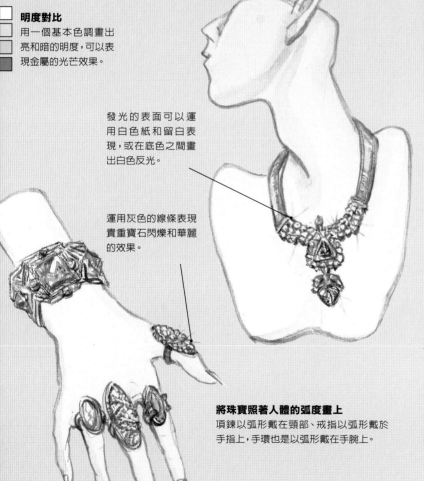

明度對比
用一個基本色調畫出亮和暗的明度，可以表現金屬的光芒效果。

發光的表面可以運用白色紙和留白表現，或在底色之間畫出白色反光。

運用灰色的線條表現貴重寶石閃爍和華麗的效果。

將珠寶照著人體的弧度畫上
項鍊以弧形戴在頸部、戒指以弧形戴於手指上，手環也是以弧形戴在手腕上。

明度對比
使用反光強調以及用主色調來畫出幾個不同的明度，這個範例使用白色作為包包部分的強調色，還有淺黃/橘色加上較暗的橘色，甚至更暗的紅/橘色來畫，色彩還有明度可以同時被改變。

質地
如果是皮質包包，在底色上畫表面紋路以增加皮革毛細孔的描繪。

形狀
包包可以各型各色且尺寸不受限制，當畫包包的形狀時，要著重在如何表現勻稱和角度，避免畫缺乏結構和造型的包包。

 下一頁 更多關於配件技法

其他配件

　　要畫出精美的配件關鍵在於服裝畫的層次，從開始構圖、增加色彩層次和細節，到完成輪廓線，描繪細節和多花時間描繪飾品，由於每個精心描繪的元素都能增加氛圍和戲劇效果，所有的辛苦都是值得的。

◁ 有趣的細節
可愛的短襪、同色系的包包和楔形涼鞋使整體搭配更有趣。

◁ 大膽的色彩
鮮豔的褲襪和鞋子已經不再需要多餘的飾品。

▷ 腰帶環
在這簡略的草圖中，腰帶成為視覺焦點。

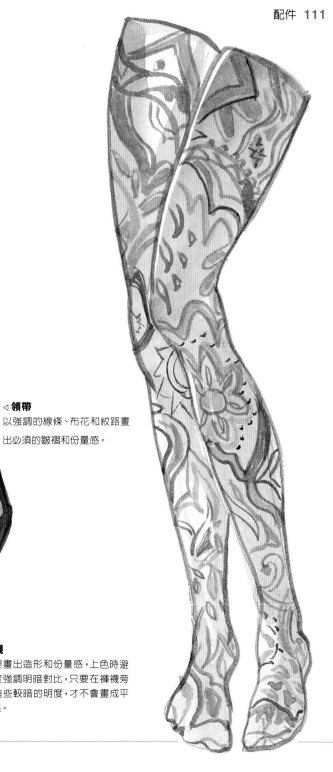

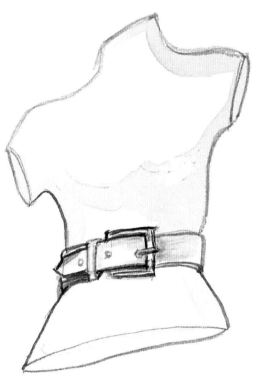

▷ **領帶**
以強調的線條、布花和紋路畫
出必須的皺褶和份量感。

△ **腰帶**
腰帶隨著人體弧度，在視平線以
「微笑」和「皺眉」的概念產生
弧線造形（見第76頁）。

◁ **裝飾的面具**
這是一個細節很多的飾品，必須
要搭配簡單的底色及極簡的化妝
才能夠平衡效果。

▷ **褲襪**
褲襪要畫出造形和份量感，上色時避
免過度強調明暗對比，只要在褲襪旁
邊製造些較暗的明度，才不會畫成平
面效果。

本章節將試著透過描繪各類型服裝，藉以學習關於輪廓、外形，並瞭解所有描繪時裝時應該熟知的比例關係。此外，讀者可在本章學到各樣風格並練習描繪布料花色。

如果認真觀察過少數幾款衣服、以各種角度呈現的輪廓外形，當你試著在人體加上服裝描繪時，就會覺得很容易上手。當繪製或設計特殊的服裝種類時，記得考慮每件衣服的結構，這些都會影響作品。

第五章

服裝種類

上衣

款式變化多樣的上衣和襯衫在描繪時並不構成問題,因為描繪技巧是建立在衣服的一些關鍵線條和點上面,以及把這些技巧畫在人體之後的效果。襯衫可以是寬鬆或是合身的,也可以有袖子或無袖,畫襯衫的這些結構線時,藉由仔細地安排縫合線,並在袖襱處創造足夠空間,以符合人體的活動。

合身休閒上衣
合身外形且在下襱脇邊開平叉,兩行裝飾線表現出運動風。

土耳其上衣
稍微有點腰身的上衣,感覺像是輕掠過身體表面地舒適,沿著深切入的領口和七分袖口上有電繡的細節設計。

連帽上衣
垂墜且寬鬆的運動外套,注意羅紋收口以及雙線的裝飾線。

緊身胸衣(馬甲)
這種衣服很貼身並且支撐體型、強調弧線,試著結合一件寬鬆的上衣或裙子,對比效果極佳。

繞頸繫帶上衣
這件衣服上半部合身,下半部則結合流暢的抽細褶設計,試著加入人體的動態就會展現出下襱的幾何線條。

對襟繫帶羊毛衫
寬鬆垂墜在人體上的衣服,針織衣服必須要看起來寬鬆卻不邋邊,可以將衣服打開不釦,讓裡面的衣服展現出來。

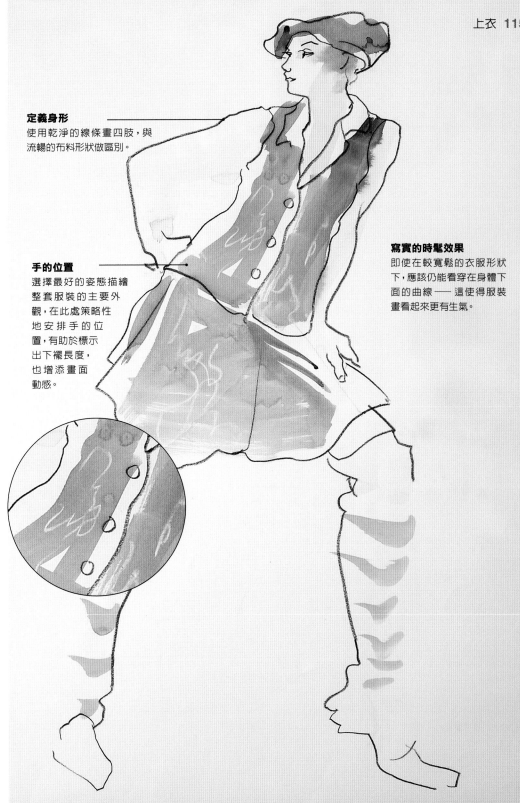

定義身形
使用乾淨的線條畫四肢，與
流暢的布料形狀做區別。

手的位置
選擇最好的姿態描繪
整套服裝的主要外
觀，在此處策略性
地安排手的位
置，有助於標示
出下襬長度，
也增添畫面
動感。

寫實的時髦效果
即使在較寬鬆的衣服形狀
下，應該仍能看到穿在身體下
面的曲線 —— 這使得服裝
畫看起來更有生氣。

經典女衫
略合身且在肩部剪接處及袖口有很多
強調鬆份的細褶，加上優雅的蝴蝶結表
現經典風格，或搭配柔軟的蝴蝶結展現
創新流行的性感。

經典平織襯衫
合身外形和弧形順著人體塑造下襬弧
線，平織布比針織布更具硬挺平整外
觀，也不會貼在身上。

34 裙子

裙子的描繪依所創作的裙子種類而定，簡單的直筒裙造形是順著腿部線條而下的，愈往下摺子要畫得愈寬，並且往地心引力和動作方向垂下，下襬的形狀將依裙子的剪裁和人體姿態而定，定位膝蓋位置使摺子在周邊形成。如果是薄質布料，摺子會比較鮮明，如果裙子的細節非常多，就要採用比較簡單的姿態才能強調衣服。

五個口袋牛仔裙
雖然很合身但因為布料較挺，還是會保持略呈A字形的輪廓，雙線的裝飾線車縫是牛仔風的慣用設計。

手帕裙
選擇移動性最大的姿態來畫這件裙子，抬起腿讓裙子飛起或扭轉臀部來清楚地畫出所有重要的下襬線條。

圍裹式打結裙
這是件優雅的裙子，要配合簡單的姿態描繪，摺子垂墜在腿側因而保持清晰，活動時可能會露出腿部。

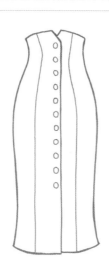

緊身裙
合身的裙子順著身體成形，搭配任何上衣都要畫成敞開的形態，才不至於失去裙子原有的戲劇性效果。

抽細褶裙
這件裙子會因為選擇不同布料而有改變，用較挺的緞面料子，摺子就會比較立體突出，如果使用柔軟的棉質布料，摺子就會順著腿的形狀而下。

吉普賽裙
層層的抽細褶形成A字線條的外型，這形很適合畫在一個動態人體上，感覺那些波形褶邊會因飄動而產生沙沙作響的效果。

畫面上的動作
要確認色彩筆觸的紋路和衣服布料的布紋方向是和諧的,上色時才會更加自然。

人體
別忽視那些在人體繪製服裝時的重要參考點。

活褶和皺褶
記得較亮的顏色表示自然的明亮部位,較暗的地方則是內凹的褶子,褶子之間的陰影可用深淺灰色來強調,使作品更具深度。

下襬線
下襬線的輪廓對於強調裙褶的自然效果是很重要的 —— 活褶越明顯,褶皺就越直。

氣球裙
這個外形並不好畫 —— 它可以準確無誤地呈現大量細褶所產生的量感,人體也因為裙形膨脹而看不到形體線條,明確地找到臀部位置,並選用一個有趣的姿態來畫出裙子。

百褶裙
通常是參加正式場合會被要求穿著的經典裙款之一,使用動作來營造褶子彷彿被從褶子的裝飾線止點往下襬方式踢出去的感覺。

35 褲子

畫褲子時要記住畫骨盆的重要概念——褲子在臀圍部位要畫合身,以前、後中心線、口袋的細節、褲腳反摺和褶子為基礎,整件褲子的繪製表現出穿著褲子的體型。布料結合褲子款式和結構,自合身的臀部向外展開、造形而成各式各樣的褲子。

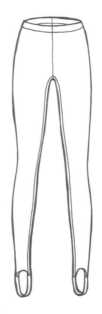

踩腳褲
從大腿到腳踝都是合腳形,可清楚看出腿形線條,材質可採用有彈性的針織布。

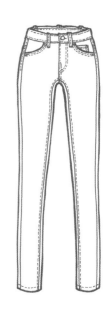

牛仔褲
五個口袋的牛仔褲是很合身的設計,可以在膝蓋以下改變各種合身程度,例如靴子的寬度,或是像70年代的喇叭形。

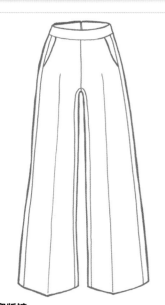

寬版褲
褲版自臀部向外展開並產生美好的流暢線條,畫這件褲子最好以一個動態的姿態來呈現。

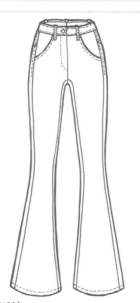

喇叭褲
迷人的外形要搭配合適的姿態,這件喇叭褲自膝蓋以下向外呈現較挺的展開效果,特別是運用厚重的布料時。

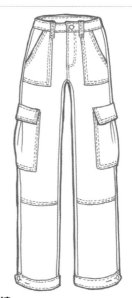

工作褲
使用簡單的姿態來畫可以看清楚這件褲子的細節,參考膝蓋附近的皺褶以加強造形效果。

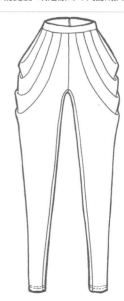

縈腳管寬鬆長褲
有趣且充滿異國情調的垂墜層次,要注意鞋子的搭配,簡單的鞋型最適合這個複雜的樣式。

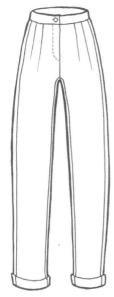

斜紋棉布褲子
經典寬鬆款使得臀部和膝蓋部位很突
顯，會使人體穿起來略顯矮胖感。

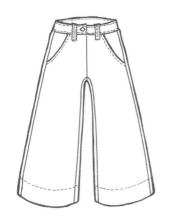

百慕達短褲
近來有越來越多的短褲使用較厚布料
作為冬季褲款，自臀部展開褲襬到膝
蓋。

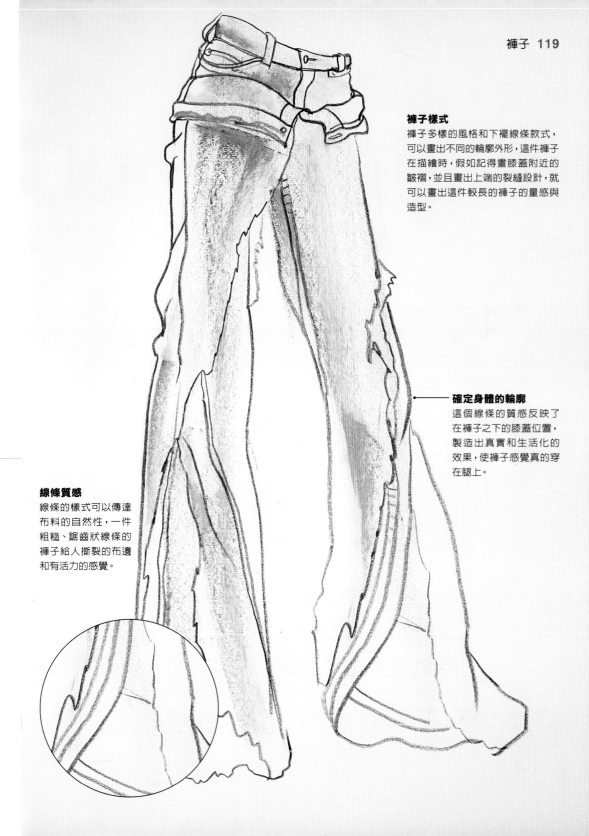

褲子樣式
褲子多樣的風格和下襬線條款式，
可以畫出不同的輪廓外形，這件褲子
在描繪時，假如記得畫膝蓋附近的
皺褶，並且畫出上端的裂縫設計，就
可以畫出這件較長的褲子的量感與
造型。

確定身體的輪廓
這個線條的質感反映了
在褲子之下的膝蓋位置，
製造出真實和生活化的
效果，使褲子感覺真的穿
在腿上。

線條質感
線條的樣式可以傳達
布料的自然性，一件
粗糙、鋸齒狀線條的
褲子給人撕裂的布邊
和有活力的感覺。

36 外 套

畫外套的最主要原則就是把模特兒的脖子畫長一些，有時領子會遮住脖子，如果頭部跟肩膀畫得太近，會顯得笨拙。外套可以是寬鬆的、也可以是合身的，請仔細觀察本節示範的外套主要線條，並且應用皺褶的畫法知識來畫手肘彎曲時外套的褶子。

短外套
加長脖子長度表現這個大領子，單排釦子在前片成為重點設計。

正式合身外套
合身的袖子，雖然身部合身，但在縫合線、脇邊腰部與臀部以下展開以強調腰身。

牛仔外套
這是一件大家相當熟悉的外套，即使描繪時省略了部份細節，還是能輕易辨識所要表現的外套種類。

軍裝風外套
方方的肩頭和雙排釦使這件外套看來非常正式，結合袖口壓縫軍階織帶設計的軍裝。

絲瓜領
領子垂在胸前，拉長的領子使這件外套充滿女性風格，假使在一場秀當中把這件外套當做主角，記得要搭配其他款式簡單的服裝。

運動服外套
這是件拉克蘭袖搭配拉鍊和立領的休閒運動外套，袖口和下襬有羅紋收口剪接，使衣身寬鬆的布料垂墜在身體上。

狩獵裝
休閒的款式搭配上使腰部合身的腰帶
設計,描繪時要選用簡單的姿態才能
表現口袋和裝飾線的細節。

騎士外套
使用越硬挺的布料或皮革製作,腰部
和手肘就會出現更少的皺褶,簡單的
姿態可以聚焦於外套的細節設計上。

垂墜全身
安排好縫合剪接線來強調
外套的合身度,外套在腰
部和臀部因為姿態而呈現
弧線。

緊身的外套
當外套非常合身時,畫出依照身體弧線而產生
的結構效果是很重要的,依據縫合剪接線來畫
出緊身外套,注意前中心的開口方式和上半身
的線條,如果姿態是向一邊突出,前面的線條
就會產生斜度。

描繪線條
運用描繪線條的方向性
來強調外套布料的垂墜
方向,主要的縫合線會
跟著肩膀和臀部的角度
變化。

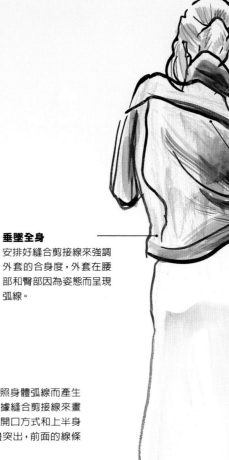

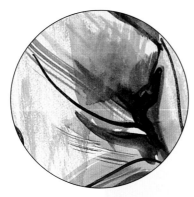

大 衣

大衣要帶有量感地充分包覆身體，且要表現出質感。試問：布料是發亮的？粗糙紋理？表面光滑或顆粒狀？乾筆刷技法非常適合畫豐富質感的布料，有紋理的紙面也有助於描繪效果。採用強勢的姿態，據此畫出大衣外觀、感覺，及布料上的紋理細節。

漏斗領型

這件大衣很寬，所以要強調身體的線條，才不會變成寬大沒有形，用正面的姿態會比較適合畫這件只有單邊口袋的細節。

短厚呢大衣

合身的款式自臀部展開，加長人體脖子的畫法可有空間容納這個複雜的領型，選擇適合表現這件雙排鈕大衣的姿態。

軍用風衣

經典的大衣款式，腰帶是很好的設計用來呈現身形，走動時下襬會飄開。

公主線大衣

領子垂墜橫跨在肩膀，最外面的鈕子撐住領子的張力，記住要畫出平行的兩條公主線，這是這件大衣最主要的設計線。

連帽粗呢大衣(以鈕攀條代替鈕釦)

通常使用素色布料的經典款，手臂自然垂下在臀部兩旁的姿態更可以展現這些有趣的款式和外形，另外畫背面圖可以看到帽子的樣式。

舖棉休閒大衣

畫這件大衣時要忽略身體的線條，柔軟舖棉的紋理與皮草帽沿形成很好的對比，要畫出所有在裝飾線上延伸的抽細褶。

運動風衣
機能性的線條和布料剪接呈現運動休閒風,所選擇的姿態也要能反映這種感覺,口袋拉鍊頭裝飾有動態效果。

皮草大衣
乾筆刷技法充滿有力的筆畫可以抓住這種效果,應用這個生動的姿態——將大衣直接鈕好穿在人體上,或打開裡面再畫一件漂亮的內搭上衣。

完整描繪的大衣
　　這是件合身且布料質地有光澤的大衣,描繪時強調模特兒的造形和性感樣貌,完全表現出布料合身的形式,腰部繫上腰帶且下襬隨著臀部角度擺動,領子繞著合身的身體,而模特兒長長的脖子看起來更具造形,這個姿態很適合描繪此款大衣。下襬隨著模特兒向前走動而產生的動態也躍然紙上。

手的位置
將手放在臀部附近的位置並確定可以清楚地秀出手下面的衣服,如此創造出感官上的效果和強調衣服的風格。

使骨盆的輪廓分明
這隻手的位置使得臀部的角度更加明確,除了增加動感之外,看到衣服自然地穿戴在身體上,當人體轉身時,腰帶上的毛球彷彿也將隨之在空中揚起。

38 洋裝

畫洋裝最好採取簡單的姿態，這樣衣服才能成為主要的焦點，穿著洋裝可用來修飾身材，所以會引人注目，畫洋裝時要能正確地展現人體和模特兒的性感，走路時的擺動也要畫出來，當裙子因人體沒有動作而直直地垂在身上時，注意下襬的寬度和衣服輪廓如何在身上成形。穿著晚禮服時或許不會露出腿，因此要確定人體的正確比例。

娃娃裝
剪接式洋裝需要合適的組合裝扮，臀圍線和腿部位置極其重要，如此，身形才不會因抽細褶而看不到線條。

直筒洋裝
穿這件洋裝的人體只能有少許動作，當模特兒走動時也不會飄起，因為在胸部和下襬處都很合身。

斜裁洋裝
垂墜的羅馬領、對角線的縫合線和流暢的下襬展現出洋裝的斜裁方式，讓布料柔軟地順著身體而有端莊的姿態。

圍裹式洋裝
這件洋裝的穿著效果完全視布料而定，比方說柔軟的針織布則會呈現流暢的垂墜效果。

和服
這件簡單的衣服因搭配寬腰帶才出現形狀，在上半身有相當多的量，較硬挺的布料使得袖子垂在兩邊。

襯衫洋裝
肩膀以剪接線強調，腰線也以腰帶強調，自腰部以下向外產生平順且較寬的下襬。

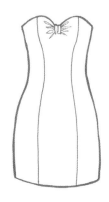

無肩帶合身洋裝
這件衣服要依賴恰好的合身度才能撐起來，模特兒的輪廓和身上縫合的線條都會被看到。

用正面刺繡針跡縫成褶襉的洋裝
正面刺繡針跡產生很美的紋理而且合身，所有的布料形成大量的細褶，使用斜角的姿態來正確展現這件洋裝的量感。

在身體範圍內
這件洋裝的主要褶子畫出骨盆位置和膝蓋始點，觀察身體的律動感，以及弧線如何一條條順勢造形。

流暢的弧線
使用描繪產生的筆觸方向來確定褶子和垂墜。

身體的關鍵
骨盆腔可以在布料下清楚地看到，確定這件洋裝真實地穿在人體上，且不像布袋般鬆垮。

布料皺褶
使用布料產生的皺褶確定膝蓋的位置——越柔軟的布料產生的皺褶線條就越細。

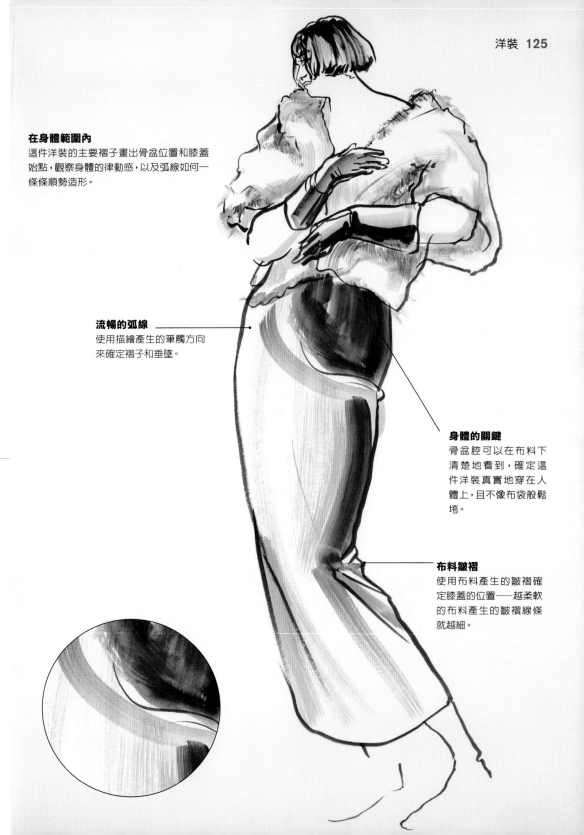

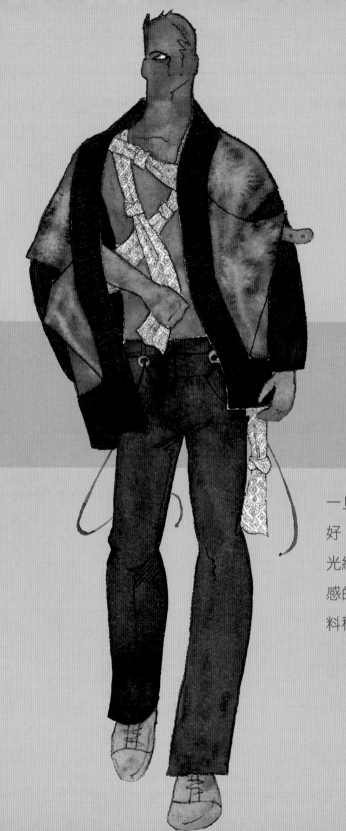

一旦能把各種不同種類的衣服著裝在人體上的效果畫好，就會更想將使用的布料印象描繪出來。布料對各種光線有不同的反應及其面料特徵，試著捕捉具有渾厚質感的布料 —— 接下來的技法會示範如何完成許多主要布料種類的描繪方法。

第六章

布 料

39 描繪基礎

所有成功的服裝畫都包含了布料的描繪，不論是觀察光滑或粗糙的面料時，要學習描繪布料表面的特徵，接下來的幾頁會示範如何畫出並簡化許多布料——這將增進描繪和簡化人體的能力。

服裝畫教學法

　　所有服裝畫的特徵皆是具有層次的畫法，每個具有層次的畫都會要求先畫出人體的輪廓（見48頁），再將這個人體畫上外貌，接下來要決定使用的媒材和流程。繪畫時有兩個基本的方法：一是在畫面的各處上色，同時畫完所有的細節；其次是只畫上局部的人體、分別在這些部位上色。

▷ **留白**
這是一件「留白」的範例，本例有許多地方保留白紙部份不上色。換句話說，這個造形簡潔、寬鬆卻很有力，不過不太適合有太多細節的服裝描繪。

◁ **亮面布料**
這些褶子在緞面洋裝的裙褶處製造出亮面的律動效果和形狀,當較暗的形狀後退形成陰影,亮色就會製造向前跳出的視覺強調。

◁ **粗糙紋理**
針織的衣服經常是厚重的,特別是手織的或是用粗針機器織的,別氣餒──這剛好是特別的機會可以試驗畫出不同的質感,試試乾的筆法、舊的麥克筆和拼貼──享受嘗試重現布料表面的樂趣吧。

◁ **強有力的對比**
描繪技巧來自搭配的衣服本身有很強烈的質地和色彩對比,高度光亮感的靴子、馬甲上衣和漁網緊身襪的線狀圖案,完美地搭配胸部簡單幾筆就畫完的上色方式。

△ **印花**
複雜的布花可以全部畫出來(如圖),或試著選擇兩或三個分開的部位畫,而留下其他地方空白不畫,不論用哪個方法,把姿態畫簡單一點,整體效果才不會凌亂。

◁ **注意細節**
仿麂皮靴子的表面光澤,不掉色的單寧布簡單呈現一種素材特色,注意外套重疊處和外套、T恤領圍附近的陰影。

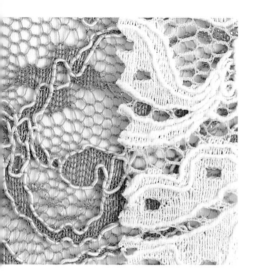

蕾絲

　　蕾絲會出現透明的效果，所以要先畫好圖案造形下的底色，試想這個色彩：若在蕾絲下面看到的是身體的顏色，在第一層上色時就要使用鮮明色調做漸層。蕾絲是一種花樣的圖案、葉子或是其他形狀，決定好圖案後就仔細地一筆筆畫上去。

　　在圖案元素之間先安排好交叉的線條──可使用簽字筆或水彩調色來畫出符合蕾絲的顏色，再用小支毛筆加上蕾絲的圖案，為了使畫更具造形和立體感，使用深淺不同明度來畫背景的蕾絲形狀。

△ **描繪蕾絲**
表現主要布料蕾絲的描繪概念，包括要畫蕾絲底下的背景色。

步驟 1
蕾絲是透明的布料，根據服裝來表現透過蕾絲輕拂表面，可看到任何底下的面料，下層基本底色應該要比其他衣服部位更模糊，沒有蕾絲遮住的地方要畫上露出的皮膚。

步驟 2
蕾絲是多變的材料，變化程度可以從非常精緻感的結構到十分有紋理和厚重感，特別留意蕾絲畫在人體的自然比例大小，可以畫滿整片布料或選擇部份區域來畫上蕾絲即可。

步驟 3
在最上層以淺色簡略、輕輕地蓋上一層網狀線條效果，先前已經留白的部位要避開不畫，否則整件衣服就會畫過頭了。使用精準的畫筆，例如：削尖的色鉛筆來加強修飾的效果。

皮革

　　反光的表面呈現更多層次的明度對比——可以用九個明度色階來畫皮革，為了表現這個材質特色，表面上色後、再規劃繪製出粗糙、顆粒狀效果，以下範例是畫一個強調瘦瘦的，並且可以整個展現側身的造形。

　　這個造形遍佈了留白的位置，用黑色色鉛筆加強輪廓線，使造形看起來有更硬的效果，再拿白色色鉛筆畫些紋理加強造形，記住，皮革是厚的、粗糙的料子，適合畫在輪廓清晰、較粗褶子的構造上。

步驟 1

製造皮革的色彩層次時，要考慮材料色澤是飽和的或有光澤的，幾乎所有皮革都有著高度不清晰的紋理。白紙上色讓接近縫合線附近呈現明亮的強調——使人有厚的和硬挺料子的感覺。

步驟 2

增加暗色調的麥克筆來製造更深、更豪華的效果，使表面看起來有絨毛的感覺。這些較深色的部份也襯托出白色部份的對比。

步驟 3

最後再用軟質黑色色鉛筆淡淡畫上一層，把整個色彩層次做融合，這個步驟可以使皮革表面的紋理更被聚焦——使這件皮外套更無瑕疵地像件單色的外套。

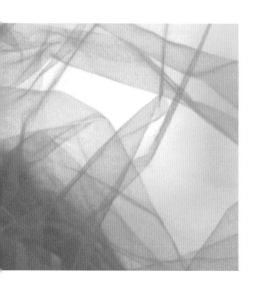

透明效果

　　許多布料具有透明效果而且可以看穿透，畫的時候先把背景色畫好，再畫上透明的層次。畫透明、薄的織物如雪紡紗、薄紗和蕾絲時，先整個輕輕地打上底色，再加些筆觸在有布料的區域，沒有涵蓋到身體的部份要使用較明亮的顏色。

　　在重疊的皺褶部位加上較深的筆觸，透明布料通常布料會覆蓋在另一片布料上，在這個例子中，明度變化會反映在色彩和薄紗的重疊處，每一種媒材難免會有些許不同表現方式，但是所有的技法都需要應用層次的作法來畫。

△ 層次上色效果
畫雪紡紗的層次感需要畫出背景的身體色，以及透過紗底下的衣服色，在畫完身體和褲子之後，使用白色顏料調水混合，薄薄地畫過整個垂墜布料的區塊。

步驟 1
描繪透明布料最具挑戰之處是，平衡哪些地方可以透過布料被看透，以及材料本身的表面效果。薄紗是輕質布料，因此要避免過度上色，否則會有厚稠感，少即是多，所以別害怕使用大量留白或空白區域來表現穿透感。

步驟 2
當使用透明色彩造形，以相同媒材製造許多層次來描繪透明布料時——每上一層顏色，都要等完全乾了以後，才能再上另一層，水彩最適合這個艱難的工作，但是麥克筆和稀釋的顏料也有不錯的效果。

步驟 3
集中注意力在皺褶和許多透明布料重疊後所製造的陰影上色區域，覆蓋在皮膚上的單層紗是最淡的部份，且最好是只上一層淡淡的顏料，如果畫面效果畫得太厚重就要停住，評估和加入白色色鉛筆來強調部位，如果需要可以畫得更真實些。

亮片布

　　發光布料的質地跟薄紗的畫法相似（見132頁），使用麥克筆畫出第一層像薄紗的畫法，然後可以再加上立可白增加一些點點的勾勒，使用細線條畫光芒的特殊效果，如強光突出一個個像星星發光的亮片形狀。姿態同樣要選瘦瘦的、突出的外形，並且用全長的衣長來畫，反光的地方要留白。

▷ **呈現光澤**
注意洋裝裡如星星般的線條，這是用來表現發光布料的特殊效果。

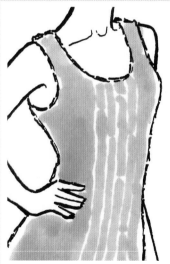

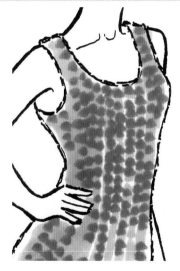

步驟 1
首先，建立基本底色，如水波狀的畫法比平淡的直線條要好，這樣已經可以使人聯想到最後的面料效果，但還沒有引起聯想到閃亮的外觀。

步驟 2
接下來用較深的色調畫點狀圖案，紋理要避免蓋住整個衣服，朦朧的效果開始有亮片布的感覺。

步驟 3
最後是強光突出的部份，觀察這些亮片的大小比例、形狀和密度，使用削尖的色鉛筆在最接近觀看者地方增加亮光強調部分。

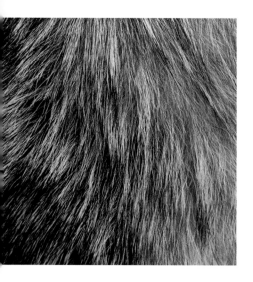

皮草

　　皮草由毛髮組成而必須要畫出其特性——不論毛髮是長的、短的或是捲的，皮草是厚重衣服且產生厚的皺褶，使用調好的水彩可以畫出皮草柔軟的質地，並運用兩種明度和濕畫法的水彩技巧。在筆觸上面可以用色鉛筆、炭筆或粉蠟筆增加一些線條當作第二個層次，皮草的輪廓線必須是開放性的外圍線，並畫出一條條的毛腳。

△ 皮草的領子以弧形繞著脖子，呈現一種厚重卻是柔軟的質地外形。

步驟 1

呈現皮草的質地前要先畫好造形的線條，順著這些外形上的線條用色筆再次描繪，較暗的顏色分佈在陰影自然出現處，開始慢慢加上筆劃形成一種量感。

步驟 2

使用同色調的層次反映出真實的皮草色澤並且有效地融合均勻，許多不同色調結合起來，使得皮草的質地會有更好的感覺，這裡使用軟性色鉛筆來引發柔軟皮草的聯想。

步驟 3

確定有些地方刻意留下白紙的空白處以表現穿透效果，皮草具有華麗的光澤可以製造出衣服亮光突出的效果，原始的外圍線還是可以看到——這樣看起來才不會過度上色，保持輕質、有形的外貌。

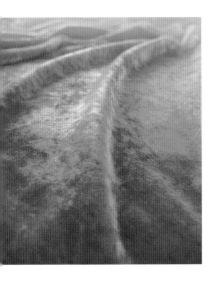

絲絨

　　絨的面料只微微發出些許光澤，這表示可以用最少層次的明度來上色，而且在光與陰影交會的邊緣處上色要輕柔，使用水彩或彩色墨水在畫面還是溼的時候調和色調，如此便有朦朧的絨面效果，加上亮和暗的粉彩或是色鉛筆在整個水彩底色上面，以產生更加豐富的質感。色鉛筆與第一層水彩調和在一起而帶出柔軟的漸層。

△ **柔軟質感**
注意應用柔和的陰影畫絨面布料，無光表面的質感畫法，以及柔和的色彩融合畫出絨面效果。

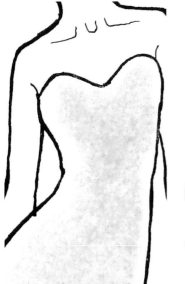

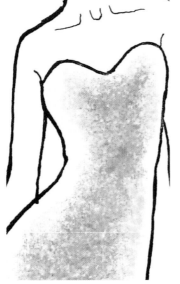

步驟 1
用海綿或皺法的筆法畫上第一層最多變化的色調，這層會在稍後被調和，因此，在此步驟把質地、紋理畫越深，最後步驟的效果也會更有趣。

步驟 2
調整底色直到可以正確展現布料，不必擔心上色時兩個層次之間的水分是否已乾，因為想要的效果本來就是要顏色調和的外表，這裡要繼續保持多變化的色調。

步驟 3
最後融合所有的色彩層次——使用非常乾淨的筆刷洗出一道線，別把畫面顏料弄得亂成一團——保持控制得宜，等水份乾了，再加上色鉛筆強調明亮線條來勾勒人體。

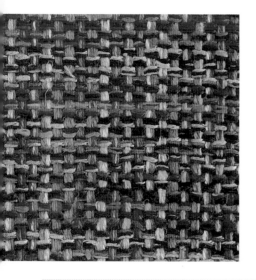

質感

　　粗糙的紋理布料包括毛呢料和表面起簇毛之織物，可以用麥克筆或水彩來描繪，上色時，留一些白紙的部份不要塗滿，也可以使用本身就有紋理質感的紙張來畫，看起來會更生動自然。

　　注意在毛呢面料上會遍佈小小彩色的斑點，使用色鉛筆來畫這些點點，表面起簇毛之織物上遍佈色彩的點點，且具有梭織質感。用水彩打底畫出正確布料的外貌，在第一層色彩上以小筆刷畫上點狀的紋理。

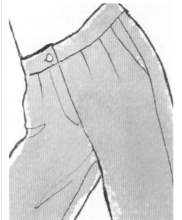

步驟 1

記住要製造出有紋理、質感的層次效果，比如使用水彩在一開始打上一層單色底色，藉著製造層次上色的方法，每一層上色都要乾了才可以再畫下一層，如此色彩才不會暈開糊掉，畫的筆觸明顯可以製造更令人興奮的結果。

步驟 2

現在想想要如何加上主要的紋理了，不要畫得太滿，要像步驟1保留一些白紙的區塊，看起來也比較生動，使用軟色鉛筆畫出布料上的紋路，聯想紋理上的陰影部份。

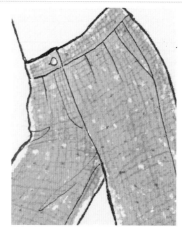

步驟 3

再觀察所要描繪的布料，實驗性地、好玩地輕輕塗上顏色或點狀描繪上白色的點來強調布料的真實。以不同的媒材，如粉彩、墨水或蠟筆在多餘的紙張上試畫畫看，專注在最後一層上色，在較接近觀看者的地方要加重明亮突出的筆觸。

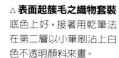

△ **表面起簇毛之織物套裝**
底色上好，接著用乾筆法在第二層以小筆刷沾上白色不透明顏料來畫。

針織

　　針織衣服的輪廓和紋理都很有趣，多變化且具有複雜性——有些針織衣服幾乎看起來就好像是件雕塑品。設計大部分的針織紋理並畫在最上面的層次，實驗性地把針法、肌理畫在整件衣服上，或者試著以最少部位的畫法，只將針法畫在亮面和陰影的交會處；試用較為粗糙的紙來畫針織衣服，紙張表面的粗紋有助於省力地畫出織紋，且要用崎嶇不平的線條畫針織的輪廓線。

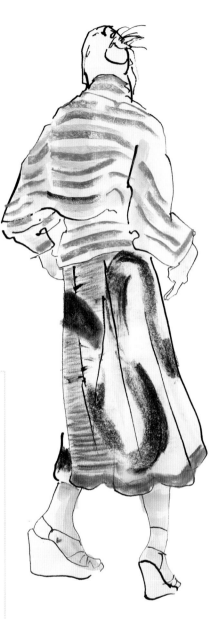

△ 紙張留白畫法
整個用粉彩上色，看看如何將紙張留白，以及運用粉彩畫出紋理和造形的印象。

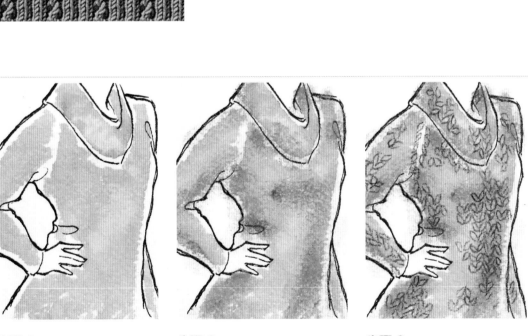

步驟 1
用麥克筆畫在吸水的水彩紙上會較有量感，注意留些紙張上的空白部份不上色，這就跟有上色部份一樣重要。

步驟 2
畫上有深度且移動筆觸的泥土色粉彩，以進一步增加紋理效果，並用較深的粉彩加上陰影，泥土色的粉彩給人有如開斯米爾毛衣的聯想。

步驟 3
再用色鉛筆畫上針織的針目，這些紋理仔細地配置在畫面上——例如在袖襬畫上版型毛衣的收針織法，畫太多織紋就會有看起來像鎖鏈的感覺了。

斜紋牛仔布

　　牛仔布是種粗糙質感的布料，畫的時候想像它的重量和織紋，它的色彩多樣有變化，所以在進行上色之前可以先畫一小塊布樣來看效果。

　　畫牛仔布時先以有點像在擦的動作簡略地上第一層底色，以不連貫和不平滑的筆觸表現這種粗糙布料的特性，等底色乾了，再依照不同裁片的布紋方向畫上一層細的白色色鉛筆斜線，也可以用很小的毛筆沾水彩或有黏稠性的膠彩來畫金色的裝飾線，使用較粗糙的紙面也可以畫出牛仔布的紋理表面。

步驟 1

以粗糙的筆觸依照牛仔褲的方向上好底色，這樣會有活力和表現出動態，而不會整個太紊亂的感覺，注意紙張留白的地方有自然效果。

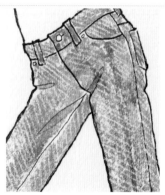

步驟 2

增加斜紋的白線，使觀看者毫無疑問地相信這是件牛仔褲，拿一小塊實際的牛仔布檢視，看看上面是斜紋的線條構造還是斜紋織法，白色色鉛筆有給人強調斜紋織法的聯想。

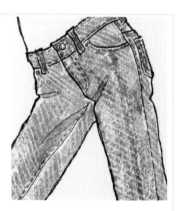

步驟 3

注意細節設計是主要的清楚傳達方式，加上裝飾線、鈕釦和鉚釘做修飾效果，金色是傳統顏色，可以好玩地使用其他色彩試試。

△ 發掘不同媒材

用不同的紙張和媒材實驗各種畫法，找出屬於自己的法則，這裡是使用水彩加上留白的快速上色畫法。

緞面布

　　亮面布呈光澤感且影響布料的色彩，光澤同時也展露出造形，產生變化很大的明度色階；甚至可以使用四到五個漸層的明度變化來畫，使用包括衣服原本的顏色以及反射的色層，可以使畫面更有變化且增加衣服的強調色。決定光源從哪兒來和觀察亮光與陰影形狀，尋找在陰影處反射的亮面。畫緞面布的特徵和畫皮革一樣，但緞面布產生的褶子比較細。

△ **輪廓明顯的邊緣**
這件用緞面布做成的劇服主要表現出光澤，還有介於亮面和暗面的清晰輪廓線。

步驟 1

先排上一層水，再把顏料渲染進去，注意上色要自然融入到較深的陰影，例如在皺褶裡和蝴蝶結下面的地方，如上述先塗上乾淨的水，趁紙張還是溼的時候再加入顏料。

步驟 2

緞面布是一種有價值感和稠密的布料——比起其他亮面布，例如：雪紡紗或烏干紗而言，此特性更顯著，加重更深的顏色於最大的陰影部位，將使布料呈現較高密度而更像緞面布料。

步驟 3

一旦前面的步驟都乾了，藉由暗色筆或鉛筆沿著上面最深的皺褶邊緣，進一步地加強陰影。

每個人都有與眾不同且獨特的性格，那麼，為何每個人都要畫得一樣呢？找出屬於自己的風格：那必須是犀利、令人驚嘆、而且有內涵的。列出自己喜歡的和不喜歡的風格，開始探索發展風格的過程。

避免抄襲他人風格；那會是個死胡同，而且最終還是得重新開始。本章將開啟創意與風格之門，而你必須自己走進這扇門，關鍵在於要相信自己做得到，同時在尋找個人風格的過程中切勿搖擺不定，加入一些幽默感，宣告開始這趟探索之路吧！

第七章

創意
與風格

表現自我

40

在作品和每一張畫當中都可以有表現創意的機會，想要有個人風格的渴望會激勵你尋找新的方法展現自我眼光，學習關於表達主題的規則和如何加強服裝畫，最重要的就是要走出自己的路。

尋找個人風格

要畫出什麼樣的服裝畫取決於當時的流行趨勢，設計系列看起來如何？可以表現的技巧程度如何？還有什麼是最吸引人的地方？你或許會受到其他畫者的影響，這對於靈感的形成是值得鼓勵的──但抄襲別人的風格絕不是學習要點。

發展自我風格的主要來源在於生活和經驗。當你無所掛慮的時候，就是發揮力量的最佳時刻。

▷ **學習規則與打破準則**
一旦具備專業的技巧以及瞭解所要傳達的創意，就可以打破規則向自我成就努力邁進。

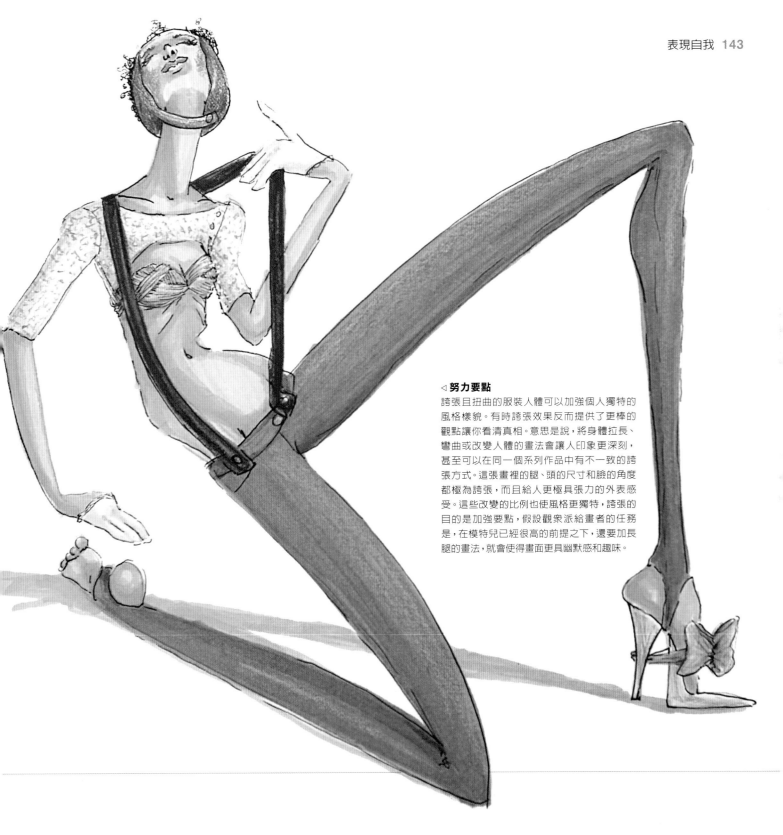

◁ **努力要點**

誇張且扭曲的服裝人體可以加強個人獨特的
風格樣貌。有時誇張效果反而提供了更棒的
觀點讓你看清真相。意思是說,將身體拉長、
彎曲或改變人體的畫法會讓人印象更深刻,
甚至可以在同一個系列作品中有不一致的誇
張方式。這張畫裡的腿、頭的尺寸和臉的角度
都極為誇張,而且給人更極具張力的外表感
受。這些改變的比例也使風格更獨特,誇張的
目的是加強要點,假設觀眾派給畫者的任務
是,在模特兒已經很高的前提之下,還要加長
腿的畫法,就會使得畫面更具幽默感和趣味。

◁ ▽ **摺疊紙片**
這些畫是由許多紙片所構成的，先把人體畫好，色彩也以調和的色調上好，簡單的媒材可以畫出不同的特色，這是個很好的例子關於使用何種媒材可以形成何種風格。

3D立體服裝畫和特殊材質

若開始認真思考該如何表現自我風格，許多靈感會自然浮現。拿出一疊紙盡情地畫上人體，如思考做立體雕塑般把設計畫在紙上——這是個很棒的創意思考範例。聰明的作法是：越是增加表面的構造，使用獨特的材料就要越簡單。

模特兒

大多數模特兒都在傳遞一種態度，這種自模特兒身上感受到的移情作用，也是繪畫的過程之一，如果你的模特兒很棒，你會發現畫服裝的過程格外順手，模特兒在服裝畫的重要性不能被錯估：有好的模特兒，才會有好的畫。

◁ **選擇姿態**
切記選擇可以表達重要設計部位的姿態,有時只畫局部人體卻能有力地傳達概念。

瞭解情緒

假如經常畫且畫得很好，可以瞭解模特兒所反映出來的情緒和態度。

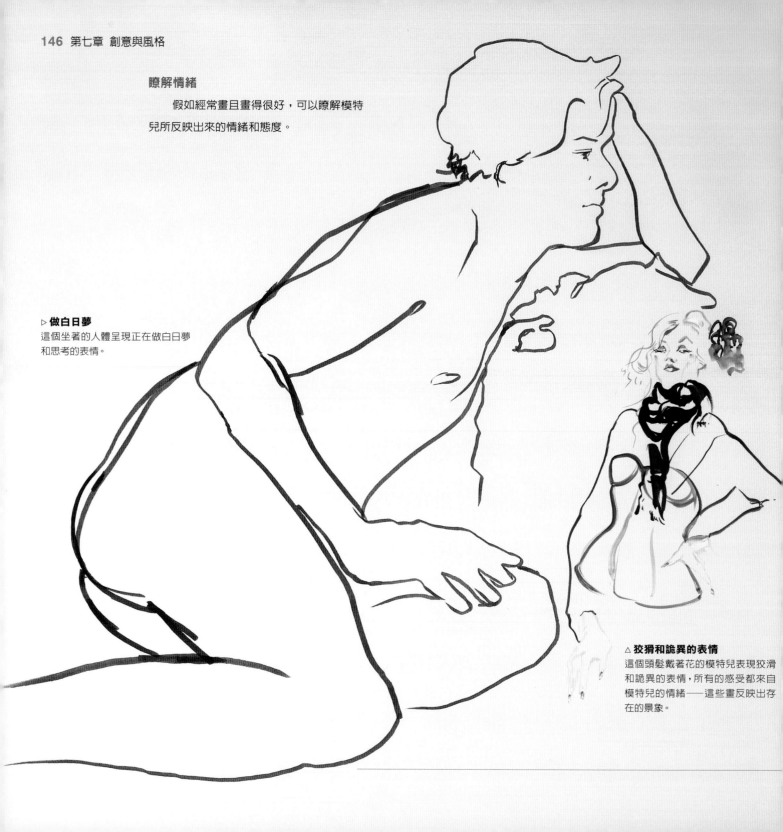

▷ **做白日夢**
這個坐著的人體呈現正在做白日夢和思考的表情。

△ **狡猾和詭異的表情**
這個頭髮戴著花的模特兒表現狡滑和詭異的表情，所有的感受都來自模特兒的情緒——這些畫反映出存在的景象。

◁ **服裝與模特兒互相搭配**
所有關於人體的畫法都要對所要表現的衣服有強化作用；這個模特兒穿著的這件衣服，應該要讓人看來有舒服的感受。

◁ **導入動作**
這個動作被捕捉的時間點有如照相一般，模特兒有著很棒的動作，當她快速轉身且直接抓緊帽子的動作，給人生動有趣的聯想。

◁ **注意紅色紙張**
在這個上著明亮粉彩顏料的人體上,使用紅色紙張當做部分陰影形狀是一種特別的顏色,驚奇的感動讓觀賞者對畫面更感興趣。

精選

　　試著放大觀看,這種畫超出裁切範圍的畫法已經是確立已久的傳統,裁掉一部分或是把畫面向左或右移動;增加或拿掉一些畫面達到更好的空間配置。用不尋常的色彩作畫來傳遞不同的色彩調和,或者留一些部位,例如臉部和身體局部,如此可以留給觀賞者想像空間,自行填滿畫面的視覺感受。

◁ 軟筆頭麥克筆畫的服裝畫

這個模特兒正在對台下的觀眾做飛吻的動作，她的豐富表情釋放出幽默感，幽默在服裝畫當中是很重要的，提供娛樂給觀賞者是表達力的極致。

△ 白色畫法

白色水彩顏料畫在黑色的畫紙上——畫面傳遞藍色的筆觸以及乾筆刷的應用效果。

◁ 綜合媒材人物

這個擺姿勢的人體是以布料加上繪畫元素等混合媒材所創作出來的。

拼貼與構圖

　　應用一些材料在畫面上可使作品有真正的創作感，黏上樂譜紙張比用手畫要快得多了，看起來也比較有趣。

◁ **畫上背景**
背景色調上的相容性會使作品具有藝術感，並在人體和構圖之間創造出張力。

使用電腦 ▷
如同規律地把這些紙層層黏上去，也可以很有趣地把材料和人體掃描進電腦，再使用軟體把材料組合，這樣就不會使畫面有厚重感。

以有限的色彩作畫 ▷
假使在畫面裡有很多有趣的紋理，可以選擇性地使用部分色彩就好，以避免畫面出現過於複雜和凌亂。

▽ 有效地使用色彩

拼貼的畫面經常會成為目光的焦點，因為它的確特別突出，尤其當使用搶眼的顏色時更是如此；可在創作進階作品或要加深輪廓線描繪時使用這個方法。

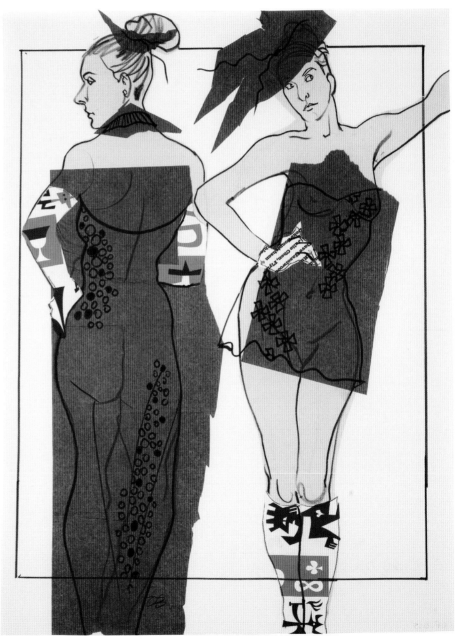

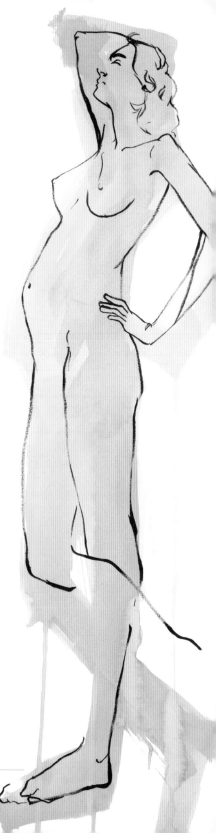

◁ **製造張力**

實驗把模特兒身上服裝的顏色以
色塊方式畫在背景上,使畫面生
動有活力。

顛覆規則 ▷
顛覆規則與打破輪廓線的上色
法,具有更強烈的自我表達。

使用非傳統的上色方法

從這個小心拼貼的背景可以呼應出模特兒衣服上自在揮灑的色彩,選
用色彩當作作品自我的表達方式。

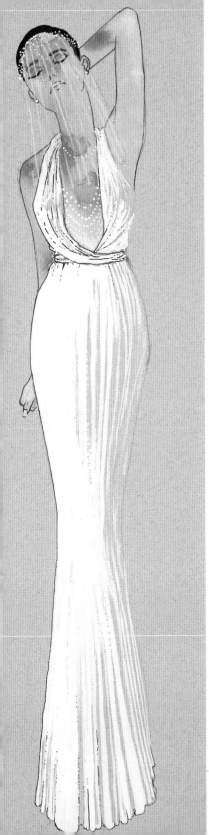

◁ **勇於突破常規**

畫在人體上的顏色有突破的效果,可聯想是精靈的經典服裝色彩。

▽ **無法預期的感動**

這個人物畫面已經被裁切且畫上不真實的色彩,藍色的頭髮、背景的紋理和蒼白的膚色形成對比。

△ **服裝畫與真實性**

服裝畫是真實的幻影,把動態速寫當作是一個定點的動作,比真實照片的刻板畫法更好。

▷**紗線團的人體**
如紗線團的人體充滿有
趣的紋理和顏色,加入
了更多愛的情緒。

抽象

　　抽象的形狀可以創造出風格和視覺趣味;抽象可以用層次
或重疊層次為基礎,再應用裁切、獨特媒材以及線條和形狀的
對比效果。

△ **抽象的人體**
越是抽象的人體越像是一種圖案,每一個藝術
家畫畫時會即興出現不同的解決方法,但他們
都畫得很好,選擇適當的媒材以及如何最能傳
遞畫中的故事質感。

△ **隱藏的訊息**
重疊的人體結合了文字元素與畫面形狀，這些
文字是個隱藏的訊息，並且引導觀賞者想去發
掘些什麼。

△ **負面氛圍表現**
這張畫中使用了陰沈調性的墨水，果真掌握了
負面氛圍的表現，試著在漂色漸層區塊做出更
抽象的效果。

索引

粗體字的頁碼是插圖編號

謝誌

Quarto公司在此向下列授權本書圖像使用的藝術家們致謝：Danielle Mussman, Jannika Lilja, Shawna Chan, Albert Ramos Cortes, Jacqi Ko, Jaedo Shim, Kaleo Magdaro, Nancy Delos Reyes, JR Watson, Catherine Janky, Dee Larsen, Murial Jordan, Martha Pelivanis, Amanda Kamm, Delphina Rodriguez, Dale Dombrowski, Margaret Yoha, and Mallory Kneller.